农业部新型职业农民培育规划教材

XUQIN FANZHIYUAN

畜禽繁殖员

钟孟淮 主编

U0256432

中国农业出版社

编 写 人 员

主　编　钟孟淮
副 主 编　李吉祥
参编人员　李志惠　翁　玲　李其国

■ 编写说明

　　我国正处在加快现代化建设进程和全面建成小康社会的关键时期。我国的基本国情决定，没有农业的现代化就没有整个国家的现代化，没有农民的小康就没有全面小康社会。加快现代农业发展，保障国家粮食安全，持续增加农民收入，迫切需要大力培育新型职业农民，大幅提高农民科学种养水平。实践证明，教育培训是提升农民生产经营水平，提高农民素质的最直接、最有效途径，也是新型职业农民培育的关键环节和基础工作。为做好新型职业农民培育工作，提升教育培训质量和效果，农业部对新型职业农民培育教材进行了整体规划，组织编写了"农业部新型职业农民培育规划教材"，供各类新型职业农民培育机构开展新型职业农民培训使用。

　　"农业部新型职业农民培育规划教材"定位服务培训、提高农民技能和素质，强调针对性和实用性。在选题上，立足现代农业发展，选择国家重点支持、通用性强、覆盖面广、培训需求大的产业、工种和岗位开发教材。在内容上，针对不同类型职业农民特点和需求，突出从种到收、从生产决策到产品营销全过程所需掌握的农业生产技术和经营管理理念。在体例上，打破传统学科知识体系，以"农业生产过程为导向"构建编写体系，围绕生产过程和生产环节进行编写，实现教学过程与生产过程对接。在形式上，采用模块化编写，教材图文并茂，通俗易懂，利于激发农民学习兴趣。

　　《畜禽繁殖员》是系列规划教材之一，共有九个模块。模块一——基本技能和素质，简要介绍畜禽繁殖员应掌握的基本知识与技能、应了解的法律法规。模块二——基础知识，包括畜禽生殖系统、生殖激素、发情排卵及其激素调节规律、胚胎的附植与预产期推算方面的知识。模块三——家畜的发情鉴定与发情控制技术，介绍各种母畜的发情鉴定方法和家畜的三种发情控制技术（同期发情技术、诱导发情技术、超数排卵技术。模块四——采精技术，内容有家畜的采精技术和禽的采精技术。模块五——配种技术，包括自然交配与人工授精，猪鲜精保存、运输和人工输精技术，牛、羊冷冻精液保存、运输和人工输精技术，家禽的人工授精技术。模块六——妊娠诊断与助产，内容有妊娠诊断技术、家畜的助产、产后母畜与新生仔畜的护理。模块七——常见繁殖疾病及其防治，包括繁殖障碍及其防治、常见产科疾病及其防治。模块八——提高畜禽繁殖力的技术措施，内容有评定畜禽繁殖力的指标、提高畜禽繁殖力的方法。模块九——繁殖新技术，包括胚胎移植技术、胚胎性别控制及性别鉴定技术、核移植与动物克隆技术。各模块附有技能训练指导、参考文献、单元自测内容。

目 录

模块一

基本技能和素质

1 知识与技能要求

畜禽繁殖员应具备以下基本知识和技能：

（1）了解主要畜禽的雄性和雌性生殖器官构造与功能。

（2）掌握家畜家禽繁殖的基本规律。

（3）掌握常用的几种生殖激素的生理功能及在生产上的应用。

（4）了解家畜家禽的发情行为表现和生理周期变化。

（5）掌握畜禽发情鉴定技术和要求。

（6）掌握畜禽的发情控制基本技术。

（7）了解自然交配应注意的问题。

（8）掌握猪、家禽鲜精保存和人工输精技术。

（9）熟练掌握牛、羊冷冻精液的保存、解冻和人工输精的实际操作。

（10）熟练掌握妊娠诊断技术的实际操作。

（11）熟练掌握家畜助产的实际操作。

（12）掌握新生仔畜和产后母畜护理的技术要点。

（13）了解常见繁殖疾病的发生原因。

（14）掌握常见繁殖疾病的防治技术措施。

（15）了解评定畜禽繁殖率的主要指标和计算方法。

（16）掌握畜禽正常的繁殖性能状况。

（17）掌握常用的提高畜禽繁殖率的方法和措施。

2 法律法规

作为一名畜禽繁殖员，除了要自觉学习和遵守《中华人民共和国宪法》等国家大法外，还要学习、遵守和会运用《中华人民共和国劳动法》《中华人民共和国合同法》《中华人民共和国畜牧法》《种畜禽管理条例》《种畜管理条例实施细则》《种畜禽生产经营许可证管理办法》等。

《中华人民共和国劳动法》是一部保护劳动者合法权益，调整劳动关系，建立和维护适应社会主义市场经济的劳动制度，以促进社会主义市场济健康发展的法律。畜禽繁殖员只有很好地学习和运用了这部法律，才能在工作中依法劳动，并依法保护自己和其他劳动者的权益。

《中华人民共和国合同法》是一部为了保护合同当事人的合法权益，维护社会经济秩序，促进社会主义现代化建设的国家大法。畜禽繁殖员有的有相对固定的岗位，有的与服务对象属于相对松散的劳动关系，为了保护自己及他人的合法权益，一定要与服务对象或聘用对象依照《中华人民共和国合同法》签订劳动合同，并有义务遵守合同对自己的职责与义务的要求及有权要求获得合同规定的正当理由权益。

《中华人民共和国畜牧法》是一部为了规范畜牧业生产经营行为，保障畜禽产品质量安全，保护和合理利用畜禽遗传资源，维护畜牧业生产经营者的合法权益，促进畜牧业持续健康发展的法律。作为畜禽繁殖员，要按照该法律的要求，认真学习业务知识以取得持证上岗资格，要自觉规范自己的生产经营行为，要按安全食品生产的要求开展自己的工作，并自觉地保护国家的畜禽遗传资源。

《种畜禽管理条例》是一部为加强畜禽品种资源保护，培育和提高畜禽品种质量，促进畜牧业生产健康发展的法规。优良的畜禽品种资源是一个国家的宝贵财富之一，只有保护好已有畜禽品种资源，并不断地培育和提高新畜禽品种资源，才能促进本国畜牧业的健康发展，这是每一个畜牧工作者的基本职责与义务。

根据《种畜禽管理条例》第二十五条规定制定的《种畜禽管理条例实施细则》，是一个操作性法规，主要是对种畜禽的进出口、新品种审定、种畜禽生产经营场所要求等做出具体的操作要求。作为畜禽繁殖员，只有熟悉其内容，才能在种畜禽的交易、生产、经营过程中依法办事。

《种畜禽生产经营许可证管理办法》是根据《种畜禽管理条例》及《种畜禽管理条例实施细则》相关条款的规定制定的一个管理办法，对生产经营种畜禽的基本条件、技术力量、群体规模、生产方式、技术资料、种畜禽保健要求、经营与管理要求做出了具体规定。作为畜禽繁殖员，只有熟悉这些规定，才能为相应的种畜禽生产经营单位提出合理的、科学的建议，使单位按要求进行合法的生产与经营。

学习笔记

模块二

基础知识

1 畜禽生殖系统

■ 公畜的生殖系统

公畜生殖系统主要由阴囊、睾丸、附睾、输精管、副性腺、尿生殖道、阴茎及包皮等器官组成（图2-1、图2-2）。

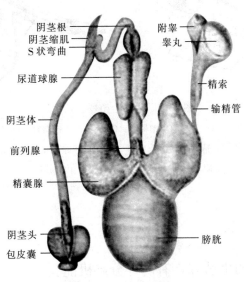

图2-1 公猪生殖器官构造

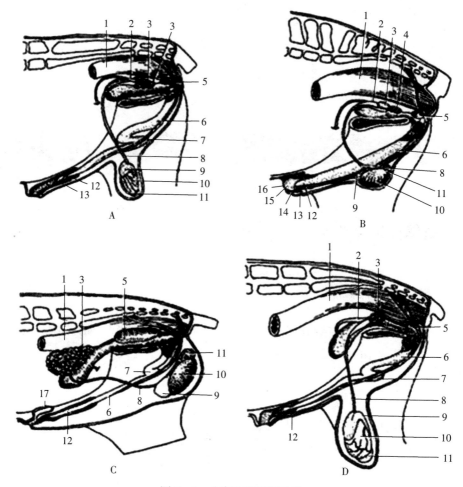

图 2-2　公畜生殖器官示意

A. 公牛的生殖器官　B. 公马的生殖器官　C. 公猪的生殖器官　D. 公羊的生殖器官

1. 直肠　2. 输精管壶腹　3. 精囊腺　4. 前列腺　5. 尿道球腺　6. 阴茎　7. S状弯曲　8. 输精管
9. 附睾丸　10. 睾丸　11. 附睾尾　12. 阴茎游离端　13. 内包皮鞘　14. 外包皮鞘　15. 龟头
16. 尿道突起　17. 包皮憩室

（一）睾丸

睾丸是公畜的生殖腺，有内外分泌机能。

1. 睾丸的形态和位置。

（1）形态。正常情况下，公畜的睾丸呈长卵圆形（图 2-3），不同动物睾丸的大小重量差别较大（牛、马的睾丸重为 500～600 克、猪为 900～1 000 克、绵羊为 400～500 克）。

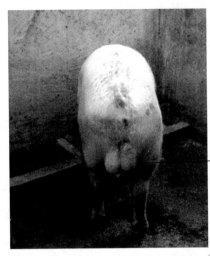

图 2-3 公猪的睾丸

（2）位置。两个睾丸分居于阴囊的两个腔内，各种家畜睾丸位置根据阴囊的部位不同而不同。阴囊是包被睾丸、附睾及部分输精管的袋状皮肤组织。

牛、羊：位于两腹股沟区，长轴与地面垂直。

马：阴囊在两股之间，睾丸的长轴与地面平行。

猪：位于肛门下会阴区，长轴倾斜，前低后高。

（3）睾丸进入阴囊的时间。睾丸在胚胎发育时期在腹腔，胎儿发育到一定时期时，才由腹腔下降到阴囊，总之，公畜出生后睾丸就应该沿腹股沟进入阴囊内，如果公畜一侧或两侧睾丸未能进入阴囊，仍留在腹腔内，称隐睾（单隐睾或双隐睾）。患隐睾的动物有性欲，却无繁殖能力。隐睾症为隐性遗传病，单纯淘汰同胞不能完全消除群体中的隐睾症基因。为了防止隐睾症的发生，在一个群体一旦发现隐睾症，就必须淘汰所有与其有亲缘关系的个体。

正常情况下，家畜的阴囊能维持睾丸的温度低于体温，这对精子的生成及保持受精能力非常重要。

对于患有隐睾的公畜，不管是单隐睾还是双隐睾都不能留作种用，都要淘汰掉。

2. 睾丸的机能。一是产生精子（外分泌机能，患隐睾的公畜不能正常生成精子，所以不能留作种用）。二是分泌雄激素（内分泌机能，主要分泌的激素是睾酮）。雄激素可激发公畜的性欲和性行为，维持公畜的第二性征，维持精子的发生和附睾内精子的存活。

（二）附睾

附睾是精子暂时储存的器官，分为附睾头、附睾体和附睾尾三部分（图 2-4）。

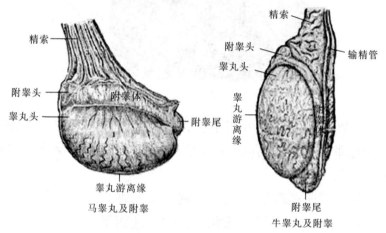

图 2-4　马、牛附睾的组织构造

精子首先在睾丸内产生，进入附睾头，经过附睾体，然后到达附睾尾，在附睾尾部大量贮存，而且可存活 45～90 天，但时间过长，死亡率和畸形率上升，影响精液品质。因此做种用的公畜，在不进行自然交配和人工采精时，要定期排精。

（三）输精管

输精管由附睾管延续而来，两条输精管沿骨盆腔侧壁移行至膀胱背侧逐渐变粗，形成输精管壶腹部，输精管壶腹部末端变细，与精囊腺共同开口于尿生殖道起始部背侧壁的精阜上。输精管是输送精子的管道。

（四）副性腺

1. 副性腺的组成。 由精囊腺、前列腺和尿道球腺组成。副性腺分泌物及输精管壶腹部分泌物混合组成精清，精清与来自附睾尾精子悬浮液组成精液。

猪的副性腺最为发达，猪的每次采精量可达 100～300 毫升，有的甚至可达到 600 毫升，牛的每次采精量只有 5～10 毫升。

2. 副性腺的生理功能。

（1）冲洗尿道。在阴茎勃起射精前，所排出的少量液体，主要是尿道球腺分泌物，它冲洗尿生殖道中的尿液，使通过尿生殖道的精子不受尿液的危害。同时含有柠檬酸和磷酸盐，为精子创造一个良好生活环境。

（2）供给精子能量。分泌物中富含果糖，果糖是精子的主要能量来源。

（3）加大精液量。猪的精液中 93% 是精清，马的精液中 92% 是精清，牛的精液中 85% 是精清，羊的精液中 70% 是精清。

（4）副性腺的分泌物呈弱碱性，既可提供活动场所，又可激活精子，以利于精子运动。

（5）精清可帮助精子排出（运输作用）。在母畜生殖道中，同样需精清做媒介流动。

（6）防止自然交配时精液倒流。家畜的精清，有部分或全部凝固现象，在自然交配时，能防止精液倒流。

（五）尿生殖道

尿生殖道是精液排出的通道，也是尿液排泄的管道，起于膀胱颈部末端，终至阴茎龟头。

（六）阴茎和包皮

1. 阴茎。 是公畜的交配器官，由阴茎根、阴茎体和阴茎头（龟头）组成，这在人工采精中会用到。

2. 包皮。有容纳和保护阴茎头的作用（图2-5）。

包皮

图2-5　公猪的包皮

■ 母畜的生殖系统

母畜生殖系统主要由卵巢、输卵管、子宫角、子宫颈、直肠、阴道、膀胱等器官组成（图2-6、图2-7、图2-8）。

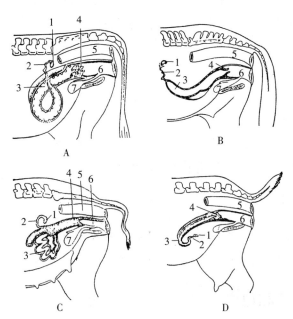

图2-6　母畜的生殖器官

A. 母牛　B. 母马　C. 母猪　D. 母羊

1. 卵巢　2. 输卵管　3. 子宫角　4. 子宫颈　5. 直肠　6. 阴道　7. 膀胱

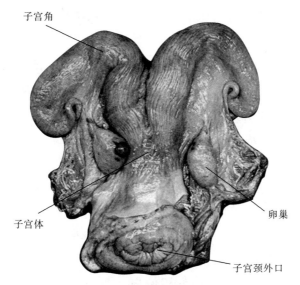

图 2-7　母牛生殖器官解剖

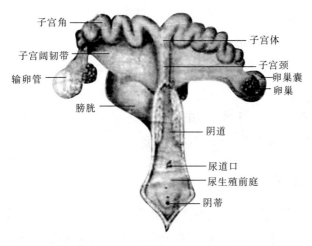

图 2-8　母猪生殖器官构造

（一）卵巢

卵巢是母畜重要的生殖腺体，成对，由卵巢系膜悬于邻近器官。

1. 卵巢的形态和位置。

（1）形态。随卵泡黄体变化而相应变化。

牛：扁椭圆形，约为指肚大小，平均 4 厘米 × 2 厘米 × 1 厘米，但并非完全如此。因为卵巢的形状、大小和位置因个体及不同生理时期而不同。

马：多为肾脏形，但并非完全如此。中等大小的马，平均 4 厘米 ×3 厘米×2 厘米。可分几种类型：①肾脏形。有排卵窝，发情期长。②椭圆形。排卵窝浅。③三角形。排卵窝很深。④不规则形。不知排卵部位，发情不正常。

（2）位置。

牛：未孕过的母牛，卵巢多位于骨盆腔内，在趾骨前缘两侧稍后；个别经产母牛卵巢位于趾骨联合前或腹腔内。

马：左卵巢在第四至五腰椎左侧横突末端下方，即左侧髋结节的下内侧；而右卵巢在第三至四腰椎横突之下，靠腹腔顶部。

掌握好牛和马卵巢的形态和位置，对于牛、马的发情鉴定非常重要。

2. 卵巢的生理功能。

（1）卵泡发育和排卵。在卵巢皮质部，卵泡由初级到次级最后形成成熟卵泡，然后卵泡破裂排出卵子，在原卵泡处形成黄体。

（2）分泌雌激素和孕酮。雌激素由卵泡内膜分泌，达一定量时就能刺激母畜表现发情征兆；如果母畜怀孕了，就形成妊娠黄体，此时主要分泌孕酮，抑制发情，维持妊娠。

（二）输卵管

1. 形态和位置。输卵管是一对多弯曲的细管，它位于每侧卵巢和子宫之间，是卵子进入子宫必经的通道，包在输卵管系膜内，多呈弯曲状。输卵管可分为漏斗部、壶腹部和峡部。

（1）输卵管漏斗部。腹腔口呈漏斗状，边缘成皱襞像伞，所以又称伞部。

（2）输卵管壶腹部。是前 1/3 段较粗部，此部为受精部位。

（3）输卵管峡部。是后 2/3 较细部。

2. 生理功能。

（1）运输卵子和精子。排出的卵子被输卵管伞接纳，借纤毛活动将卵子运送到漏斗内的输卵管腹腔口，并借输卵管纤毛的蠕动，使卵子通过壶腹部。同时将精子反向由峡部向壶腹部运送。

（2）精子获能、卵子受精的场所。精子在受精前，需要有一个"获能"过程，除子宫外，输卵管也是精子获能部位。输卵管壶腹部为受精的场所，受精卵边卵裂边向子宫运行。

（3）分泌机能。输卵管的分泌物主要为黏蛋白和黏多糖，它是精子、卵子的运载工具，也是精子、卵子及早期胚胎的培养液。在不同的生理阶段，分泌的量有很大的变化，发情时分泌最多。

（三）子宫

子宫由两个子宫角、子宫体和子宫颈三部分组成（图 2 - 9、图 2 - 10、图 2 - 11）。

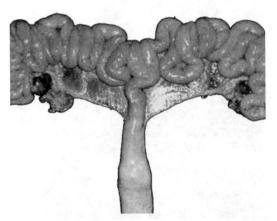

图 2 - 9 初产母猪子宫解剖

牛的子宫颈长 5～10 厘米，粗 3～4 厘米，壁厚而硬，有许多皱褶，经产母牛子宫颈比青年母牛稍长。不发情时子宫颈口封闭很紧，发情时也只是稍微开张，经产母牛子宫颈外口正面观有许多放射状皱褶，形似"菊花状"。

羊的子宫颈长约 4 厘米，子宫颈阴道部突入阴道不长，仅为上、下两片或三片突出，上片较大。

猪的子宫颈长 10～18 厘米，子宫颈后端逐渐过渡为阴道，没有

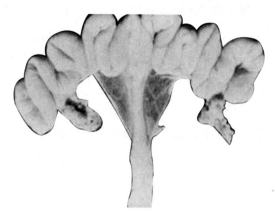

图 2 - 10　经产母猪子宫解剖

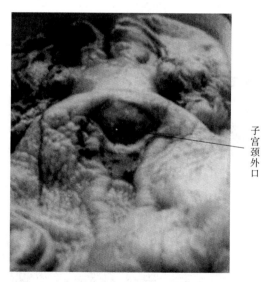

图 2 - 11　牛子宫颈外口解剖

明显的子宫颈阴道部。发情时子宫颈管开张，输精时有利于将输精器插入子宫颈甚至伸入子宫体内。

　　母畜的子宫颈只有在发情和分娩时才会短暂开张，平时都是封闭的，防止外界病原微生物等异物侵入子宫体。母畜发情时开张有利于精子进入子宫；分娩时，在催产素的作用下，腹壁和子宫肌阵缩，子宫颈开张，使胎儿产出。子宫是胎儿生长发育的场所。

（四）阴道

阴道是母畜的交配器官，也是分娩时胎儿产出的通道。牛的阴道长为22～28厘米，羊为8～14厘米，猪为10～12厘米，马为20～35厘米。

只有理解并掌握母畜生殖器官的结构（主要是子宫颈和阴道的结构与长度），才能解决动物人工授精过程中出现的一系列问题。

（五）外生殖器官

由尿生殖前庭、阴唇、阴蒂组成。

■ 公禽的生殖系统

公禽的生殖系统与公畜有所不同，主要由睾丸、附睾、输精管和交媾器等组成（图2-12、图2-13）。

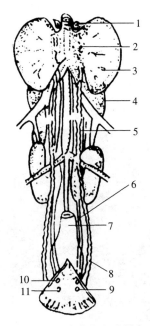

图2-12 公鸡的生殖器官

1.肾上腺 2.附睾区 3.睾丸 4.肾 5.输精管 6.输尿管 7.直肠

8.输精管扩大部 9.射精管口 10.泄殖腔 11.输尿管口

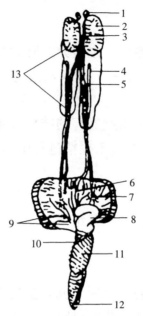

图 2-13　公鹅的生殖器官

1. 肾上腺　2. 睾丸　3. 附睾　4. 输尿管　5. 输精管　6. 输尿管口　7. 输精管乳头

8. 纤维淋巴体基部　9. 肛外侧腺　10. 排精沟　11. 纤维淋巴体游离部　12. 排精沟末端　13. 肾

（一）睾丸和附睾

禽类的睾丸1对，呈椭圆形，左右对称，位于腹腔内（图2-14）。

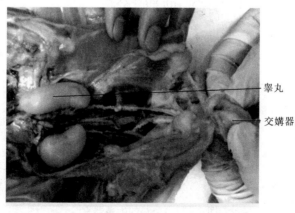

图 2-14　公鸡的睾丸和交媾器解剖

睾丸是产生精子和分泌雄激素的器官。精液呈弱碱性，pH 为

7.0～7.6，鸡每次射精量为0.4～1.0毫升，但精子浓度较高。精液质量受年龄、营养、交配次数、气温、光照及内分泌因素的影响。公鸡一般在10～12周龄时就可采到精液，但到22周龄才有受精率较高的精液。1～2岁公禽的精液质量最佳。

禽类附睾很小，附着于睾丸背内侧，由附睾管等导管系统组成。具有贮存及运输精子的功能。

（二）输精管

禽类没有副性腺，由睾丸产生的精子通过较短的附睾管，进入输精管。输精管具有分泌精清的功能，是精子成熟和贮藏的场所，同时把精子运送到交配器官。

（三）交配器官

公鸡的交配器官不发达，位于泄殖腔肛道底壁正中近肛门处，有一小隆起称交媾器。刚孵化出的雏鸡较明显，可用来鉴别雌雄。交配时，通过勃起的交媾器与母鸡外翻的阴道接通，精液通过交媾器注入母鸡的阴道。

公鸭和公鹅的交配器官较发达，具有一个能勃起的螺旋形交媾器即阴茎，交配时勃起，由泄殖腔内翻出，基部胀大而堵塞整个肛道。精液通过交媾器导入母鸭生殖道内。

公鹅交媾器勃起伸出后可达5～7厘米，公鸭10～12厘米。水禽的交媾器，实际上由泄殖腔黏膜形成，没有家畜阴茎典型结构。交配时，精液通过交媾器，导入雌禽生殖道内。

■ 母禽的生殖系统

母禽生殖系统由左侧卵巢和输卵管组成（图2-15），右侧的已经在孵化的第七至十天停止发育。

（一）卵巢

位于左肾前叶的下方，一端以卵巢韧带悬挂于腹腔的背侧壁，一

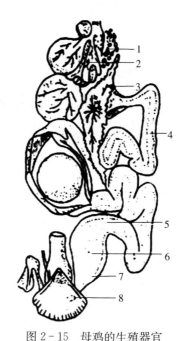

图 2-15　母鸡的生殖器官

1. 发育中的卵泡　2. 成熟卵泡　3. 漏斗部　4. 膨大部　5. 峡部　6. 子宫部

7. 阴道部　8. 泄殖腔

端以腹膜褶与输卵管相连接。卵巢的主要生理机能是产生卵子和分泌雌性激素。

(二) 输卵管

输卵管是一条长而弯曲的管道，左侧腹腔的背侧面向后行，以输卵管韧带悬挂于腹腔顶壁，鸡的输卵管长约 70 厘米（图 2-16）。前端开口于卵巢的下方，后端开口于泄殖腔。排出的卵子被漏斗部接纳，沿输卵管后移，最后形成硬壳蛋从阴道部产出，每枚蛋形成所需时间约 24 小时，所以正常情况下，鸡在产蛋期每天可产一枚蛋。输卵管依其构造顺次分为漏斗部、蛋白分泌部、峡部、子宫部和阴道部。

公、母禽交配时，阴道翻出接受公禽射出的精液，大量的精子从阴道部向输卵管漏斗部运行，精子和卵子在漏斗部受精。

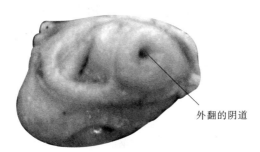

外翻的阴道

图 2 - 16　母鸡外翻的阴道解剖

2 生殖激素

　　生殖激素是指那些直接作用于畜禽生殖器官，以调节生殖过程为主要生理功能的一些特殊内分泌物质，如雄性激素、雌性激素、催产素等。同时，由畜禽浅层腺体分泌的一些具有挥发性的物质——外激素，对畜禽的生殖机能也有一定的调节作用。

■ 生殖激素的种类及作用特点

（一）生殖激素的种类

　　1. 根据来源和功能分类。

　　（1）脑部激素。由脑部的一些特殊神经细胞如下丘脑、松果体、脑垂体等分泌。对生殖活动影响较大的有来自于下丘脑的促性腺激素释放激素、催产素和来自于脑垂体的促卵泡素、促黄体素、促乳素等。

　　（2）性腺激素。由公畜睾丸和母畜卵巢分泌产生。对畜禽生殖活动影响较大的有雄性激素、雌性激素、孕激素、松弛素等。

　　（3）胎盘激素。由母畜胎盘产生。对家畜生殖活动影响较大的有孕马血清促性腺激素（PMSG）和人绒毛膜促性腺激素（HCG）。

　　（4）外激素。由畜禽浅层腺体所分泌产生的一些具有挥发性的特殊物质。生产实践中常用于诱导发情、公畜的采精调教等。

（5）其他组织器官分泌的激素。生殖系统外的其他组织器官也可分泌一些对畜禽生殖活动有影响的激素，如前列腺素。

表 2 - 1　主要生殖激素的功能

种类	名称	主要功能
脑部激素	促性腺激素释放激素	促进垂体前叶释放促卵泡素和促黄体素
	催产素	促进子宫收缩、排乳
	促卵泡素	促进卵泡发育和精子发生
	促黄体素	促进卵泡成熟、排卵、黄体形成，促进雄激素分泌
	促乳素	促进乳腺发育及泌乳，促进黄体分泌孕酮
性腺激素	雄激素	维持雄性第二性征和性欲，促使精子发生和副性腺发育
	雌激素	促进发情，维持雌性第二性征，刺激雌性生殖道和乳腺管道系统发育，增强子宫收缩能力
	孕激素	低浓度时与雌激素协同引起发情行为，高浓度时抑制发情；维持妊娠；促进乳腺发育
	松弛素	分娩时促使子宫颈口扩张、耻骨联合、骨盆韧带松弛
胎盘激素	孕马血清促性腺激素	具有促卵泡素和促黄体素作用，以促卵泡素为主
	人绒毛膜促性腺激素	与促黄体素相似
其他激素	前列腺素	溶解黄体，促进子宫收缩
	外激素	促进性成熟，影响性行为

2. 根据化学性质分类。

（1）蛋白质、多肽类激素。由下丘脑和脑垂体分泌的生殖激素大多属于此类。

（2）类固醇类激素。由性腺分泌的生殖激素大多属于此类。

（3）脂肪酸类激素。如前列腺素。

（二）生殖激素的作用特点

1. 特异性。生殖激素必须与其受体结合后才能产生生物学效应。

2. 快速性。生殖激素在动物机体中的活性丧失很快，但其作用具有持续性和积累性。

3. 高效性。微量的生殖激素即可产生较大的生物学效应。

4. 时效性。生殖激素的生物学效应与动物所处的生理时期及激素的用量和使用方法有关。

5. 互联性。生殖激素间有的具有协同作用，如促卵泡素与促黄体素，而有的具有颉颃作用，如孕激素与前列腺素。

6. 同一性。分子结构类似的生殖激素，一般具有类似的生物学活性。

◗ 常用生殖激素及其在生产中的应用

（一）催产素

也称缩宫素注射液，简称 OXY。商品名：产轻松。

1. 性状。为无色澄明的液体。

2. 生理作用。主要作用是能直接使子宫平滑肌兴奋，加强子宫收缩。子宫对催产素的反应性受性激素的影响，雌激素能使子宫对催产素敏感增加，黄体酮则能抑制子宫对催产素的敏感性。小剂量的催产素能增强妊娠末期子宫肌的节律性收缩、子宫平滑肌的松弛，有利于胎儿娩出；大剂量则引起子宫肌张力增强，出现强直性收缩。

3. 临床应用。主要用于母畜促进分娩、产后子宫出血、胎衣不下、子宫脱出、催乳、持久黄体、排除死胎、排出子宫内容物（如恶露、子宫积脓等）、子宫复旧和家禽的人工授精等。

（二）人绒毛膜促性腺激素

也称注射用绒促性素，简称 HCG。商品名：多情素。

1. 性状。为白色或淡黄色的冻干块状物或粉末。

2. 生理作用。主要作用是治疗排卵延迟、卵泡囊肿，促进卵泡继续发育成熟，诱导排卵，在排卵后使卵泡膜和粒层细胞转变为黄体细胞，并促使其分泌孕激素。在公畜能刺激睾丸间质细胞的发育，促进雄性激素分泌，促使生殖器官发育、成熟，促进睾丸功能和精子形成。

3. 临床应用。

（1）治疗卵泡囊肿。

（2）催情催熟，促进排卵。

（3）加强黄体功能，防治先兆性或习惯性流产、产后缺奶等，利于早期保胎。

（4）防治早期黄体发育不全引发的不孕症。

（5）治疗公畜性欲差、交配过度、精液稀少、精子活力差、睾丸发育不良和阳痿等。

（6）用于刺激鸡、鸭、鹅等家禽产蛋或减少产蛋间断期及缩短家禽就巢期。

（三）孕马血清促性腺激素

也称注射用血促性素，简称 PMSG。商品名：同发素。

1. 性状。为白色的冻干块状物或粉末。

2. 生理作用。具有促卵泡素和促黄体素活性。可促进母畜卵巢卵泡发育、成熟，并引起发情和排卵。提高公畜的性欲，并促进精子的形成。

3. 临床应用。

（1）刺激母畜卵泡成熟，超数排卵。

（2）提高母羊的双羔率，加强受体羊的同期发情效果。

（3）用于母畜催情和促进卵泡发育，治疗卵巢机能静止性不发情、隐性发情。

（4）治疗卵巢机能不全、多卵泡发育、两侧卵泡交替发育之久配不孕。

（5）诱导发情、同期发情。

（6）治疗公畜性欲差、无精、少精、精子活力差。

（四）前列腺素

简称 PG。曾用名：多宝素。商品名：氯前列醇钠注射液。

1. 性状。为无色的澄明液体。

2. 生理作用。本品能有效溶解功能性黄体和病理性黄体，增强子宫平滑肌的收缩舒张。

3. 临床应用。

（1）治疗持久黄体、卵巢囊肿而引起的不发情。

（2）发情调控、同期发情。

（3）控制引产、流产、催产和同期分娩等。

（4）母畜产后护理，产后子宫内膜炎防治，促进卵巢、子宫修复。

（5）增强公畜的射精量，提高受胎率。

（五）促黄体素释放激素 A_3

也称注射用促排卵素 3 号，简称 LHRH - A_3。商品名：仔仔多。

1. 性状。为白色的冻干块状物或粉末。

2. 生理作用。能促使动物垂体前叶分泌促黄体素和促卵泡素，促使卵巢的卵泡成熟而排卵，不但可使垂体已合成的激素立即释放，也能够刺激激素的合成。可促进公畜的精子形成。

3. 临床应用。

（1）提高多胎动物的产仔数。

（2）提高情期受胎率。

（3）治疗卵泡成熟度差、排卵迟缓、卵泡囊肿。

（4）加强超数排卵效果。

（5）加强黄体功能。

（六）促黄体素释放激素 A_2

简称 LHRH - A_2。商品名：注射用促黄体素释放激素 A_2。

1. 性状。为白色的冻干块状物或粉末。

2. 生理作用。能促使动物垂体前叶分泌促黄体素和促卵泡素，促使卵巢上的卵泡成熟而排卵。

3. 临床应用。常用于治疗奶牛排卵延迟、卵巢静止、持久黄体和卵巢囊肿。对公畜，可促进精子形成。

（七）促卵泡素

简称 FSH。商品名：注射用垂体促卵泡素。

1. 性状。 为白色或类白色的冻干块状物或粉末。

2. 生理作用。 能促进母畜卵巢上的卵泡生长发育，与促黄体素协同可促进卵巢雌激素的分泌，引起正常发情。刺激公畜精细管上皮及次级精母细胞的发育，与促黄体素协同促进精子形成。

3. 临床应用。

（1）加强超数排卵效果。

（2）治疗卵巢机能静止性不发情。

（3）治疗卵巢机能不全、多卵泡发育、两侧卵泡交替发育之久配不孕。

（4）治疗持久性黄体。

（八）促黄体素

简称 LH。商品名：注射用垂体促黄体素。

1. 性状。 为白色或类白色的冻干块状物或粉末。

2. 生理作用。 在垂体促卵泡素协同下，能促进卵泡最后成熟，诱发成熟卵泡排卵和黄体生成。

3. 临床应用。

（1）促进卵泡发育成熟，并排卵。

（2）促进功能性黄体的形成。

（3）治疗排卵障碍（卵泡成熟度差、排卵迟缓）。

（4）治疗黄体发育不全引起的早期胚胎死亡或流产。

（5）治疗母畜情期过短、屡配不孕。

（6）治疗卵巢囊肿。

（7）治疗公畜性欲不强、精液和精子少。

（九）促性腺激素释放激素

简称 GnRH。商品名：舒牛 GnRH -注射用戈那瑞林。

1. 性状。为白色或类白色冻干块状物或粉末。

2. 生理作用。促使动物垂体前叶释放促卵泡素和促黄体素。对各种卵巢疾病有效。尤其对卵泡囊肿治疗效果更佳。能治疗卵泡排卵障碍（排卵迟缓），人工授精配合使用，能明显提高牛的情期受胎率。

3. 临床应用。临床上常用来治疗牛产后早期（产后 40 天内）卵巢功能的恢复，产后定时发情、定时输精处理，以缩短分娩间隔，从而全面提高牛的生育能力。治疗公畜性欲减弱、精液品质下降。

3 发情排卵及其激素调节规律

■ 发情

发情是指母畜发育到一定阶段时所发生的周期性的性活动现象。在正常饲养管理条件下，当母畜生长发育到了一定的年龄，其内分泌会逐渐出现周期性的变化，使母畜生殖器官及外部表现出有规律的性活动现象。

（一）畜禽性机能的发育规律

随着动物的生长发育，其性机能会经过初性期、性成熟、体成熟、性机能衰退等阶段。这些过程随畜禽的不同品种、个体，甚至所处环境不同，其性机能的发育会有一定的差异。

1. 初情期。指母畜初次发情、排卵的时间。一般当母畜体重达成年体重的 30%～40% 就会出现初情期。

2. 性成熟。性成熟期是指家畜的生殖器官已基本发育成熟，基本具备了繁殖后代能力的时期。一般当畜禽的体重达到成年体重的 50%～60% 时，即是畜禽的性成熟期。在这一时期，畜禽个体正处于快速发育时期，且生殖细胞质量一般，如在此时配种，既不能获得较好的后代，对畜禽本身的生长发育也有一定影响。

3. 体成熟。体成熟又名初配年龄或适配年龄。指家畜的生殖器官已发育成熟，具备了正常的繁殖功能的时期。这一时期，畜禽体重约占成年体重的 70%。当畜禽到达这一阶段时，可以开始进行正常的繁殖利用。

4. 利用年限。又名性机能衰退期，是指畜禽繁殖机能明显下降，不能继续留作种用的年龄。当畜禽到达这一时期时，必须对其进行淘汰处理。

（二）发情周期及发情持续期

1. 发情周期。一般是指母畜从上一次发情开始到下一次发情开始所间隔的时间。发情周期可人为划分为四个时期，即发情前期、发情期、发情后期和间情期。根据发情周期中母畜卵巢上卵泡的发育、黄体形成过程，也可将发情周期划分为卵泡期和黄体期。

2. 发情持续期。母畜从发情开始到结束所经历的时间称发情持续期。

（三）发情季节

母畜的发情可分为季节性发情和非季节性发情两种类型。

1. 季节性发情。指母畜在特定季节才会出现发情。分季节性多次发情与季节性一次发情：①季节性多次发情。指母畜在一个发情季节里，可以多次发情。这种动物称为季节性多次发情动物，如马、驴、绵羊。②季节性一次发情。指母畜在一个发情季节里，一般只发情一次。这种动物称为季节性一次发情动物，如狗、猫、骆驼、水貂等。

2. 非季节性发情。又名全年性发情，是指动物一年四季都可发情，不受季节的影响，如猪、牛。

（四）产后发情

产后发情指母畜分娩后出现的第一次发情。马产后发情进行的配种称"配血驹"，母兔产后发情配种称"血配"。

（五）异常发情

生产实践中，经常出现一些与正常发情规律不相符的情况，这种情况称为异常发情。

1. 安静发情。又称隐性发情、暗发情，指母畜发情时外部表现不明显，但卵巢上有卵泡生长发育成熟、排卵。导致安静发情的主要原因一般是卵泡膜所分泌的雌激素不足。

2. 假发情。指母畜外部有发情表现而卵巢上没有排卵的现象，如孕后发情。

3. 断续发情。指母畜的发情表现为时断时续的现象。断续发情多见于早春及营养不良的母马。

4. 短促发情。指母畜的发情持续期短于正常的持续期。短促发情常见于乳牛。

5. 长促发情。指母畜发情持续期长于正常的时间。与短促发情相反，可能是因为促黄体素（LH）分泌不足，卵泡膜破裂过晚所致。

■ 排卵

排卵是指卵巢上发育成熟的卵泡破裂，卵子随卵泡液流出的过程。

（一）排卵的类型

1. 自发性排卵。指卵巢上的卵泡发育成熟后，卵泡膜会自然破裂排出卵子。马、牛、驴、羊、猪、狗等家畜属于此类型。

2. 诱发性排卵。卵巢上的卵泡发育成熟后，只有在雄性进行爬跨刺激后才能引起排卵。如兔、骆驼、貂、猫等属于此类型。

（二）排卵的机制

1. 物理作用。卵泡内膜不断分泌卵泡液，使卵泡不断胀大，卵泡膜所受张力越来越大，到一定程度时，卵泡膜被"胀破"。

2. 化学作用。促黄体素能促进溶蛋白酶的分泌，溶蛋白酶则不断溶解卵泡膜，使其逐渐变薄，当张力到达一定程度时，促使卵泡膜破裂。

家畜的性活动规律如表2-2所示。

表2-2　家畜的性活动规律

项目	黄牛	水牛	猪	山羊	绵羊	马	驴	兔
初情期	6～12 月龄	10～15 月龄	3～6 月龄	4～8 月龄	4～8 月龄	12 月龄	8～12 月龄	3～4 月龄
性成熟	8～14 月龄	15～20 月龄	5～8 月龄	6～10 月龄	6～10 月龄	12～18 月龄	12～15 月龄	3～5 月龄
体成熟	1.5～ 2.0岁	2.5～ 3.0岁	8～12 月龄	1.0～ 1.5岁	1.0～ 1.5岁	2.5～ 3.0岁	2.5～ 3.0岁	7～8 月龄
发情季节	5～9 月份	8～11 月份	全年 发情	8～10 月份	8～11 月份	3～7 月份	3～7 月份	全年 发情
产后发情时间	60～ 100天	50～ 60天	断奶后 3～7天	2～3 个月	2～3 个月	产后6～ 12天	产后5～ 15天	分娩后 第二天
发情周期 （平均）	18～24天 （21天）	16～25天 （21天）	18～23天 （21天）	16～24天 （21天）	14～20天 （17天）	16～25天 （21天）	21天	15～10天
发情持续期	1.0～ 1.5天	1.0～ 2.0天	2.0～ 3.0天	1.0～ 2.0天	1.0～ 1.5天	4.0～ 8.0天	4.0～ 7.0天	10～ 15小时
利用年限	15～22岁	15～22岁	10～15岁	11～13岁	8～10岁	20～25岁	20～25岁	2～3岁

■ 发情排卵的激素调节

母畜的性活动包括发情、排卵、黄体形成、妊娠、分娩、乏情的周期性性活动，每一个过程都受生殖激素的控制与调节，以下丘脑—垂体—性腺轴为核心，通过激素的调节与反馈来控制与调节整个生殖过程，并呈周期性活动规律。家畜发情排卵的激素调节规律如图2-17所示。

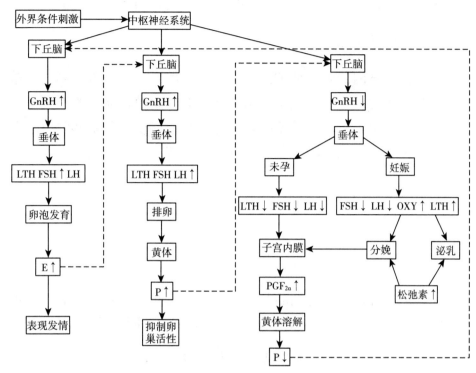

图 2-17　常见家畜发情排卵的激素调节规律

注：GnRH 为促性腺素释放激素；FSH 为促卵泡素；LH 为促黄体素；LTH 为促乳素；E 为雌激素；P 为孕激素；OXY 为催产素；PGF$_{2\alpha}$为前列腺素。

图中实箭头表示正向调节，虚线表示反馈调节；激素右边有向上箭头表示该激素在体内分泌较多或存在水平较高，激素右边有向下箭头表示该激素在下降或存在水平较低，激素旁边无箭头表示该激素在体内处于一般水平。

4 胚胎的附植与预产期推算

胚胎的附植

胚胎的附植也称着床，是胚胎在母体子宫内逐渐与母体子宫内膜发生组织和生理上的紧密联系的过程。

（一）胚胎附植牢固的时间

各种家畜胚胎附植牢固所需要的时间是：牛受精后 45～60 天，

马 90～105 天，猪 20～30 天，绵羊 10～20 天，兔 1.0～1.5 天。

（二）附植的部位

胚胎在子宫内的附植部位是最有利于胚胎发育的地方。当牛、羊排一个卵受胎时，常在同侧子宫角的下 1/3 处附植，而双胎时则平均分布于两子宫角中；马产单胎时，常迁移至对侧子宫角基部附植，产后发情配种胚胎多在上胎空角的基部附植；猪的多个胚胎则平均附植在两侧的子宫角内。

■ 预产期推算

（一）母畜的妊娠期

妊娠期是母畜从配种到胎儿娩出所经历的时间。妊娠期的长短可因畜种、品种、年龄、胎儿因素、环境条件等的不同而异（表 2-3）。

表 2-3　母畜的妊娠期

单位：天

畜种	平均妊娠期	范围	畜种	平均妊娠期	范围
黄牛	280	270～285	猪	114	102～140
水牛	313	300～320	马	337	317～369
绵羊	150	146～157	驴	360	340～380
山羊	152	146～161	兔	30	27～33

（二）预产期推算

各种家畜预产期的推算方法如下。

黄牛：配种月份减 3，配种日数加 6。

水牛：配种月份减 2，配种日数加 9。

马：配种月份减 1，配种日数加 1。

羊：配种月份加 5，配种日数减 2。

猪：配种月份加4，配种日数减6；也可按着"3·3·3"法，即3月加3周加3天来推算。

参考文献

耿明杰.2006.繁殖与改良.北京：中国农业出版社.

李青旺.2002.畜禽繁殖与改良.北京.高等教育出版社.

杨泽霖.2006.家畜繁殖员.北京：中国农业出版社.

张忠诚.2009.家畜繁殖学.第四版.北京：中国农业出版社.

钟孟淮.2008.动物繁殖与改良.北京.中国农业出版社.

单元自测

（一）名词解释题

1. 生殖激素。

2. 体成熟。

3. 发情周期。

4. 输精管。

5. 输卵管。

6. 子宫。

（二）填空题

1. 生殖激素按来源分为 ＿＿＿＿、＿＿＿＿、＿＿＿＿、＿＿＿＿、＿＿＿＿等五类。

2. 当家畜达到体成熟时，其体重为成年体重的 ＿＿＿＿％左右。

3. 属于季节性发情的家畜主要有 ＿＿＿＿、＿＿＿＿、＿＿＿＿、＿＿＿＿等。

4. 猪、马、牛、山羊、绵羊的妊娠时间分别是＿＿＿＿、＿＿＿＿、＿＿＿＿、＿＿＿＿、＿＿＿＿天。

5. 公、母畜的性腺分别是＿＿＿＿、＿＿＿＿。

6. 家畜的睾丸正常为＿＿＿＿形。

7. 胎儿的发育场所是＿＿＿＿。

8. 精子在＿＿＿＿中大量贮存并最后成熟。

（三）简答题

1. 为什么当家畜达到性成熟时不能进行配种利用？

2. 简述公畜禽各生殖器官的解剖位置和构造特点。

3. 简述母畜禽各生殖器官的解剖位置和构造特点。

4. 简述催产素、人绒毛膜促性腺激素的生理作用及在临床上的应用。

技 能训练指导

一、观察母畜生殖系统的构造

（一）目的和要求

使学员正确认识各种母畜生殖系统的构造，特别是与人工授精有关的生殖器官的构造特点，为人工授精打下基础。

（二）材料和工具

牛、猪、鸡的生殖系统挂图各 3 套，录像。

（三）实训内容

观察母牛、母猪、母鸡生殖系统的构造。

（四）实训方法

1. 首先由教师用挂图、录像进行讲解，然后学员分组进行母畜生殖系统的观察。

2. 观察母牛、母猪、母鸡的生殖系统，通过观察，分清外阴部、阴道、子宫颈、输卵管和卵巢的构造和位置，为人工授精打下基础。

（五）训练报告

绘制母畜各生殖系统的位置。

二、生殖激素的作用实验

（一）目的和要求

通过技能训练，了解母牛使用促性腺激素释放激素和前列腺素后的受胎情况。

（二）材料和工具

产后 45～60 天未发情的健康母牛、促性腺激素释放激素（舒牛 GnRH -注射用戈那瑞林）、前列腺素（氯前列醇钠注射液）、75％酒精、注射器、镊子等。

（三）实训方法

1. 第一次注射。用舒牛 GnRH 100 微克一次肌内注射未孕母牛。

2. 第二次注射。第一次注射 7 天后肌内注射 0.6 毫克氯前列醇钠（或 0.3 毫克奶牛专用氯前列醇钠）。

3. 第三次注射。第二次注射 48 小时后再注射舒牛 GnRH 100 微克，母牛不需要观察发情，只要在第三次注射舒牛 GnRH 后 18～20 小时配种即可。

（四）训练报告

描述实验牛的受胎情况。

学习笔记

模块三

家畜的发情鉴定与发情控制技术

1 家畜的发情鉴定技术

发情鉴定技术是畜牧业生产中非常重要的一个技术环节，只有通过发情鉴定，对母畜的排卵时间做出准确判断，才能确定最佳的配种时间，才能尽可能地提高母畜的繁殖力。准确的发情鉴定，可以防止漏配，降低母畜空怀率，还可一定程度地节约饲养成本，增加经济效益。

▌ 发情鉴定的常用方法

生产实践中，母畜的发情鉴定主要有外部观察法、试情法、阴道检查法、直肠检查法等方法，不同的母畜可以其中一种方法为主，也可几种方法都用，相互印证，以进一步提高准确率。

（一）外部观察法

外部观察法是根据母畜的外生殖器变化、精神表现、食欲和性行为变化进行综合鉴定的方法。此法可适用于猪、马、牛、羊等家畜。

1. **外阴部变化**。当母畜发情时，阴户会逐渐肿胀而显得饱满，阴唇黏膜充血、潮红而有光泽，阴门有黏液流出，其黏液从少变多，从稀变稠，由透明变成混浊，最后成乳白色样。

2. **精神变化**。发情母畜对公畜较敏感，躁动不安，不断鸣叫。

3. **食欲及性欲表现**。母畜发情时，食欲会有所下降甚至绝食，会接受他畜爬跨或爬跨他畜。

（二）试情法

试情法是用经过特殊处理后的公畜放入母畜群或接近母畜，观察母畜对公畜的反应，以判断母畜是否发情及发情的程度。

用于接近母畜以判断母畜的发情情况的公畜称为试情公畜。试情公畜要求健康、性欲旺盛、无恶癖。

（三）阴道检查法

阴道检查法是用开腔器或阴道扩张筒把阴道打开后，借助光源找到子宫颈口，观察子宫颈口的开张情况、子宫颈口周围黏膜的颜色及黏液分泌情况等进行鉴定。

发情母畜的阴道黏膜充血，黏液分泌量增多，子宫颈口周围充血，子宫颈口开张，并有黏液流出。

（四）直肠检查法

直肠检查是检查者将手插入直肠，隔着直肠壁触摸卵巢和卵泡，以判断卵泡的发育情况，从而确定配种时间。

（五）其他方法

1. 仿生法。人为营造公畜接近的一些条件，观察母畜的精神变化与性欲变化。

2. 激素法。通过检测母畜体内生殖激素的水平以判断母畜的发情状况。

■ 各种母畜的发情鉴定方法

（一）猪的发情鉴定

由于猪不好保定，所以主要用外部观察法及试情法进行鉴定。猪发情到适宜配种时，一般会出现静立反应或呆立现象，即遇公猪时按其背部或拍其屁股时，母猪会站立不动，尾上翘，后肢张开，呈现接受爬跨的姿势。有民谣曰："此种情况实在少，无病无痛吵又闹，少吃少喝外阴肿，见着公猪把臀靠"。需要注意的是，一些引进猪种及引进猪的杂交猪的外部症状没有本地猪种表现明显。

图 3-1　母猪发情时外阴户的特征

（二）牛的发情鉴定

牛的发情鉴定主要用直肠检查法，同时可结合外部观察法、阴道检查法等进行综合判断。牛发情后，用直肠检查法触摸卵泡，直径1.0~1.5厘米大小，卵泡膜有明显的波动感，有一碰即破的感觉时，即为配种的适宜时间。在进行外部观察时，水牛的外阴部变化没有黄牛明显。有民谣曰："此种情况有点少，爱跑爱叫不吃草，屁股后面吊条线，遇着公牛不再跑"。其卵泡的发生、发育、消失规律如图3-2所示。

（三）马、驴的发情鉴定

马、驴的发情鉴定因其精神变化和外阴部变化明显，有"伸头背耳叭嗒嘴，撇腿抬尾流涎水"的特征，所以一般以外部观察法和试情法为主，也可结合阴道检查法和直肠检查法进行鉴定。

（四）兔的发情鉴定

兔的发情鉴定主要用外部观察法和试情法。当兔发情时，会在笼内窜动不安，后肢不断叩击兔笼，接近公兔时呈接受交配的姿势。

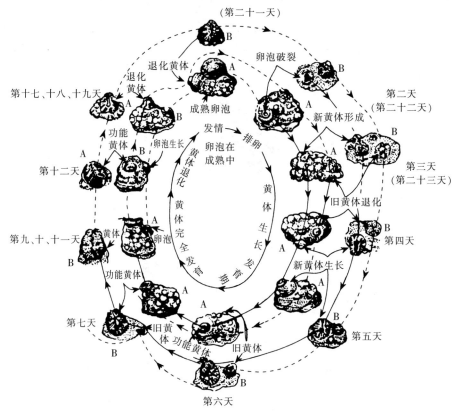

图 3-2　牛发情周期中卵巢的卵泡与共同体变化模式

A. 表卵巢的全貌　B. 表卵巢的局部变化

（五）羊的发情鉴定

一般山羊的尾上翘，外阴暴露在外，所以主要用外部观察法进行鉴定，有条件的也可结合试情法和阴道检查法进行判断。

绵羊由于尾下垂，有的羊尾甚至很大，完全将外阴部遮蔽，所以对绵羊主要用试情法。试情时，将公羊（结扎了输精管或腹下带兜布的公羊）按一定比例（一般为 1∶40），每日一次或早晚两次定时放入母羊群中，母羊发情时可能寻找公羊或尾随公羊，但只有当母羊愿意站着并接受公羊的引逗及爬跨时，才是真正发情的表现。探明母羊可能已发情时，将其分离出来，结合外部观察法进行判断即可配种。

试情公羊的腹部也可以采用标记装备（或称发情鉴定器），或胸部涂上颜料，这样，当母羊发情时，公羊爬跨其上，便将颜料涂在母羊臀部上，以便识别。发情母羊的行动表现不太明显，主要表现为喜欢接近公羊，并强烈摆动尾部，当被公羊爬跨时一动不动。

2 家畜的发情控制技术

发情控制技术是利用激素或采取某些措施处理母畜，以控制母畜发情周期的进程、排卵的时间和数量，从而充分发挥优良母畜的繁殖潜力。发情控制技术包括同期发情、诱导发情、超数排卵等技术。

同期发情技术

同期发情是指对一定数量的群体母畜进行一定技术处理，改变母畜黄体的运转规律，使这些母畜集中在一定的时间内发情的一个繁殖技术。

（一）同期发情的作用

1. 有利于推广人工授精技术，加速家畜品种改良工作。如猪的人工授精，由于公猪精液大多采鲜精输精，每次采集到的精液如能在1～2天内进行利用，便有利于发挥优良种公猪的种用价值，也能进一步加速品种的改良工作。

2. 便于组织集约化生产，实施科学化饲养管理。同期发情可以使畜群的妊娠、分娩、仔畜培育、断奶等时间相对集中，从而更有利于制订工作计划和合理调配人力资源，实现商品家畜的批量生产。

3. 有利于提高家畜的繁殖率。同期发情技术运用时，会对一些母畜进行诱导发情处理，可以使一些母畜的发情时间提前，也可使一些有轻度繁殖障碍的母畜得到治疗，从而使畜群的整体繁殖率得到提高。

此外，同期发情技术是胚胎移植的重要环节之一。

（二）同期发情的处理方法

1. 人为延长母畜的黄体期。一般采用孕激素进行处理。

（1）埋植法。此法适用牛、羊。方法是：将3～6毫克甲基炔诺酮与硅橡胶混合后凝固成直径3～4毫米、长15～20毫米的棒状，将其埋植于母畜的耳背皮下，经9～12天，用镊子将埋植物取出。一般取出埋植物后2～4天即可发情。为加快黄体消退，一般在处理前肌内注射4～6毫克苯甲酸雌二醇。

（2）阴道栓法。用灌注孕激素后的发泡硅橡胶制成的棒状Y型或将海绵浸入孕激素后，塞入母畜阴道中，9～12天后取出，大多数母畜可在处理结束后第二至四天发情（图3-3）。

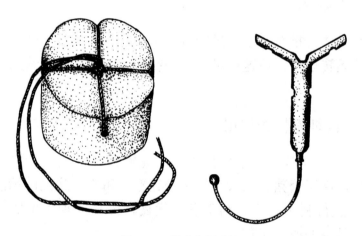

图3-3 孕激素阴道栓

2. 人为缩短母畜的黄体期。常用的方法有前列腺素（PG）处理法。①前列腺素一次注射法。牛用$PGF_{2\alpha}$ 20～30毫克，氯前列烯醇300～500微克肌内注射；羊用$PGF_{2\alpha}$ 4～6毫克，氯前列烯醇50～100微克。在繁殖季节发情周期的第四至十四天，肌内注射。②前列腺素二次注射法。在第一次处理结束后间隔11～12天再次用上法处理，效果较好。

3. 前列腺素结合孕激素处理法。对母畜用孕激素处理7天后，再用$PGF_{2\alpha}$处理，发情输精时注射人绒毛膜促性腺激素（HCG）及其类似物效果较好。

! 温馨提示

　　猪的同期发情用药物处理往往效果不佳，尤其因使用孕激素易导致黄体囊肿等问题，所以可利用母猪的产后发情一般都是发生在断奶后3～7天的规律，而采用同期断奶的办法，即可达到同期发情的要求。

■ 诱导发情技术

　　诱导发情是对乏情的母畜采取一定措施，促使母畜正常发情、排卵的技术。母畜的乏情原因有生理性乏情和病理性乏情，对病理性乏情必须进行相应处理，母畜才能正常发情、排卵，而对生理性乏情则是根据生产的需要（如同期发情处理）或研究需要而进行的处理。

（一）原理

　　对于生理性乏情的母畜（如羊、马季节性乏情，牛和水牛产后长期乏情，母猪断奶后长期不发情，营养水平低而乏情等）其卵巢处于静止或活动状态处于较低水平，垂体不能分泌足够的促性腺激素以促进卵泡的最终发育成熟及排卵，这种情况下，只要增加体内促性腺激素即可。

　　对于一些因病理原因导致乏情的（如持久黄体、黄体囊肿等），应先将造成乏情的病理原因查出并予以治疗，然后用促性腺激素处理，使其恢复繁殖机能。

（二）诱导发情的方法

　　所有同期发情的方法都可以用于诱导发情。

　　单独使用促性腺激素释放激素（GnRH）、促卵泡素（FSH）、孕马血清促性腺激素（PMSG）、雌性激素都可诱导乏情母畜发情。

联合使用促性腺激素，如对猪先用孕马血清促性腺激素（PMSG）后，再用人绒毛膜促性腺激素（HCG）效果较好。

改善饲养管理，防止母畜过肥，补充维生素 E 的供给或用灭菌的温水冲洗子宫，都能促进母畜的发情。

超数排卵技术

超数排卵是对正常发情的母畜进行一些特殊处理后，使母畜的排卵数超自然排卵数的技术。一般用于单胎动物，如牛正常排卵数为 1 个，通过超数排卵处理后排卵数可达 10～20 个。

（一）超数排卵的作用

能进一步发挥优良母畜的种用价值，是胚胎移植的一个必要步骤，也可对一些单胎动物进行处理后达到一胞双胎的目的。

（二）超数排卵技术的原理

在母畜黄体开始消退时，此时给母畜注射适量的外源性促性腺激素，可在原有基础上，进一步提高卵巢的活性，使卵巢上有比自然情况下更多的卵泡发育、成熟并排卵。

（三）超数排卵的方法

超数排卵的方法与诱导发情方法相同，只是所用的促性腺激素的量稍大，使用时间一般在下一次即将发情时。

据有关实验，对牛采用促卵泡素（FSH）＋聚乙烯吡咯烷酮（PVP）＋前列腺素（$PGF_{2\alpha}$）效果较好。

参考文献

耿明杰 . 2006 . 繁殖与改良 . 北京：中国农业出版社 .

李青旺 . 2002 . 畜禽繁殖与改良 . 北京：高等教育出版社 .

张忠诚 . 2009 . 家畜繁殖学 . 第四版 . 北京：中国农业出版社 .

钟孟淮.2008.动物繁殖与改良.北京：中国农业出版社.

单元自测

（一）名词解释题

1. 同期发情。

2. 超数排卵。

3. 诱导发情。

（二）填空题

1. 母畜常用发情鉴定的方法有：＿＿＿＿、＿＿＿＿、＿＿＿＿、＿＿＿＿。

2. 牛最准确的发情鉴定方法是：＿＿＿＿＿，猪主要用＿＿＿＿＿方法进行发情鉴定，绵羊主要用＿＿＿＿＿方法进行发情鉴定。

（三）简答题

1. 同期发情在生产实践有何意义？

2. 超数排卵与诱导发情的处理方法有何相同与不同之处？

3. 家畜的发情鉴定对畜牧业生产有什么重要作用？

4. 直肠检查法主要检查什么内容？牛的最佳配种时间怎么确定？

技能训练指导

一、母畜发情的外部观察与试情

（一）目的和要求

通过技能训练，掌握外部观察法及试情法的鉴定内容与鉴定方法。

（二）材料和工具

母畜（猪、牛、马、羊等）及相应的试情公畜。可选在相应的牧场进行。

1％～2％的来苏儿消毒液 3 000～5 000 毫升。

（三）实训方法

1. 外部观察。

（1）观察发情母畜的外阴户：对发情母畜及未发情母畜分别进行

观察，对比两者的区别。操作时，将母畜尾提起，观察外阴是否肿胀、发红，有无黏液流出，并观察黏液的分泌量、颜色、稀稠情况。

（2）用清洗消毒后的拇指与食指将母畜阴户分开，观察阴唇黏膜的变化。发情母畜的阴唇黏膜充血、潮红而有光泽，看不到血管；而未发情母畜的阴唇黏膜苍白，能清晰地看到毛细血管。

（3）用手压母畜背部或尻部，观察母畜是否有静立反应。

（4）观察其行为变化及食欲情况：发情母畜表现不安，不断鸣叫，食欲减退。

2. 试情。将公畜按要求处理后，让其接近母畜，观察母畜是否愿与公畜接近，是否愿接受公畜爬跨。

3. 比较。根据观察结果进行对比后，判断所观察母畜是否发情，可否配种。

4. 注意事项。

（1）鉴定之前要向畜主了解母畜的上次发情时间及配种情况。

（2）注意与假发情的区别。

二、牛、马、羊的阴道检查

（一）目的和要求

通过技能训练，掌握牛、马、羊的阴道检查要点，能通过阴道检查，判断母畜的发情状况。

（二）材料和工具

牛、马用阴道开膣器或阴道扩张筒，羊用开膣器，手电筒，水盆，毛巾，保定架及保定绳，长柄镊子等。

75％酒精棉球、1％～2％来苏儿液、高锰酸钾、液体石蜡、肥皂、脱脂棉等。

（三）实训方法

1. 阴道检查的准备。

（1）母畜的保定。对牛、马进行检查时，应将其保定在保定架上，可用六柱保定架，也可用二柱保定架；对羊进行检查时，可由助手坐在高凳子上，将母羊倒提，用双脚将羊的颈部夹住，双手各握一只脚，分开双腿，暴露外生殖器。

（2）器械的准备。把清洗好的开膣器或阴道扩张筒用酒精进行单向涂抹消毒，待酒精挥发后，涂以少量液体石蜡进行润滑。

（3）检查人员的准备。将手用1‰～2‰的来苏儿液进行清洗消毒，着工作服。

（4）外生殖器的清洗与消毒。用抹布浸温水后对母外阴进行清洗，再用0.3%的高锰酸钾溶液进行消毒处理，清洗消毒时，从阴户向四周进行。

2. 插入开膣器或扩张筒。

（1）对牛、马进行检查时，用右手横握开膣器（关闭状态）或扩张筒，用左手拇指与食指分开阴唇，将开膣器或扩张筒稍向上倾缓慢插入阴道外口，插入5～10厘米后平伸插入，当开膣器大部分插入时，再将开膣器旋转90°，手柄向下，打开开膣器，借助光源，将前口调整至能看到子宫颈口。

（2）对羊进行检查时，用右手横握小号开膣器（关闭状态），用左手拇指与食指分开阴唇，将开膣器缓慢插入阴道，当开膣器大部分插入时，再将开膣器旋转90°，打开开膣器，借助光源，将前口调整至能看到子宫颈口。

3. 阴道检查。打开阴道后，借助光源观察阴道黏膜及子宫颈口周围的黏膜是否充血、肿胀、子宫颈口开张大小、黏液流出情况。发情母畜一般阴道黏膜充血、潮红、子宫颈口开张、充血、肿胀、松弛。从颈口或阴道内有拉丝的黏液流出。不发情的母畜阴道黏膜苍白、干燥、子宫颈口紧闭等。

4. 注意事项。

（1）插入开膣器或阴道扩张筒时，如遇母畜努责，应停止插入，待努责停止后或用手压腰间结合部让其松弛后，再继续插入，以防损伤阴道。

（2）对牛、马进行检查时，检查者应以"丁字步"方式站在其后，防止被踢伤。

（3）开膣器检查完后，可将开口减小一点后再缓慢抽出，切不可关闭后抽出，防止夹住阴道黏膜外拉而损伤阴道。

（4）在低温季节需对开膣器或扩张筒加温至 35～40℃时，才能使用，否则对母畜刺激过大，不易插入。

三、牛、马的直肠检查

（一）目的和要求

通过技能训练，掌握牛、马的直肠检查要点，能通过直肠检查，找到卵巢，了解卵巢的位置、形态及大小，并了解卵巢上卵泡的发育状况。

（二）材料和工具

水盆、毛巾、保定架、保定绳、指甲剪等。

75％酒精棉球、1％～2％来苏儿液、高锰酸钾、液体石蜡、肥皂等。

（三）实训方法

1. 检查前的准备。

（1）检查人员的准备。剪短、磨光指甲，对手进行消毒，检前涂上少量的液体石蜡。

（2）被检母畜的准备。清洗、消毒阴门、肛门及周围部位，清洗及消毒时，从阴门、肛门向四周清洗消毒；保定，排出宿粪。

2. 检查方法。

（1）牛的直肠检查。手伸入直肠后，手掌平伸，手心向下，在骨盆底部下压可摸到一个管状结构即为牛的子宫颈管，沿子宫颈向前触摸，可摸到角间沟、子宫角大弯，沿大弯稍向下或两侧，即可摸到杏核大小的一个结构即为卵巢。牛的正常子宫角呈圆柱状弯曲，用手触压时蜷曲明显，角间沟清晰。牛的卵巢较小，如杏核样大小，触摸时弹性较好，呈半游离状态，发情时卵巢上有卵泡发育。找到卵巢后，仔细体会卵泡的发育情况。

（2）马直肠检查。手伸入直肠后，先可摸到子宫颈，然后摸到子宫体、子宫角，当伸到髋结节内侧下方 1～2 掌处的周围时下压可摸到一个小蛋样结构即为卵巢。由于母马的两个卵巢相距较远，检查左卵巢用右手，检查右卵巢用左手。找到卵巢后，体会卵巢上卵泡的发育情况。

3. 注意事项。

（1）家畜努责时，术者应停止动作，动作应轻。

（2）对马进行检查时，要注意马屎颗与卵巢的区别，不要捏碎马屎颗，防止草楂损伤直肠。

（3）直肠检查时，要保定好母畜，注意人畜安全。检查者应以"丁字步"方式站在其后，防止被踢伤。检查时要注意观察母畜的反应，以随时进行检查的调整。

四、诱导发情实验

（一）目的和要求

通过实验及操作，使学生了解诱导发情的使用方法。

（二）材料和工具

选择一头断奶后 3～7 天未正常发情的成年母猪。

市售三合激素、10 毫升注射器等。

（三）实训方法

（1）先对未处理前的母猪的外阴部、精神情况、食欲情况进行观察并记录。

（2）选择一头断奶后 3～7 天未正常发情的成年母猪，用市售三合激素按 2～3 毫升/头的用量对其进行肌内注射。

（3）注射 1～2 天对母猪的外阴部、精神情况、食欲情况进行观察。

（4）对比：看处理前与处理后有何区别，并记录。

学习
笔记

1 家畜的采精技术

牛、羊的采精及精液保存现大多由专业单位进行，在此重点介绍猪的采精技术。

猪的采精技术

（一）采精室设计

1. 采精场地。采精场必须在室内，确保不受气温、日光、风、灰尘、雨雪影响。采精场地应能防止公猪逃跑。采精室总面积约 10 米^2，采精区（安全区外）面积为 2.5 米×2.5 米较合适。采精室应保持整洁，采精区内不能放置除假母猪、防滑垫以外的其他物品。

2. 采精室地面。应为混凝土地面，地面应既有利于冲刷，又能防滑。

3. 墙壁与屋顶。墙壁与屋顶应洁净，不落灰、不掉墙皮。

4. 假母猪。一般为木制台面，用角钢或钢管做支架，台面宽 26 厘米，长 100 厘米，高度一般为 55 厘米，如果可能最好高度可以调整。假母猪台面呈圆弧形（相当于圆的 1/4），在假母猪后部公猪阴茎伸出的地方，应将其下部木头削薄，以便于公猪阴茎伸出和防止阴茎损伤。假母猪后端至后支架应有 30 厘米的距离，以方便公猪阴茎伸出和采精操作。假母猪应牢固地固定在地面上。

5. 防滑垫。在假母猪后方地面应放一块 60 厘米×60 厘米的防滑垫，以使公猪采精时站立更舒适，防止滑倒。

6. 防护栏。应用直径 8～10 厘米、高出地面 70 厘米的钢管做防护栏。一般防护栏在假母猪的左侧，距墙壁 70～100 厘米，钢管之间的净间距为 26～30 厘米。这样可形成一个公猪不能进入，但人可以自由进出的安全区。以防止公猪进攻人时，采精员能及时躲避到安全区。

7. 水龙头、水管、清扫工具。水龙头及水槽应安装在安全区内，安全区内还应放一些用于清扫地面、刷拭公猪体表的工具及冲刷地面的水管。

8. 赶猪板。为了更安全地驱赶公猪和采精时接近公猪，应配备一个 100 厘米长、60 厘米宽的赶猪板，并将其放在安全区。

9. 搁架。为了方便采精用品放置，可在采精室离假母猪较近的地方的墙壁上，安装一个搁架，搁架高 110 厘米，以便采精人员方便地拿到它，同时防止公猪将其撞倒。

（二）公猪的调教

小公猪在 5 个月龄或更小时，就开始爬跨同窝的小母猪或小公猪，同时也会爬跨高度适当的其他物体，而且这种特性没有明显的个体差异。因此，90% 或更多的小公猪赶入采精室时，很快就会去爬跨假母猪。但有些小公猪可能因为胆小，第一次进入采精室时，对新的环境不熟悉而不去爬跨假母猪，有些原来进行本交的种公猪可能第一次进入采精室时也不爬跨假母猪，这样就需要采精人员耐心地对公猪进行调教。

1. 开始调教的年龄。小公猪从 7.5～8.0 月龄开始进行采精调教。

2. 调教持续时间。每次调教时间不超过 15 分钟。如果公猪不爬跨假母猪，就应将公猪赶回圈内，第二天再进行调教。

3. 基本调教方法。将发情旺盛的母猪的尿液或分泌物涂在假母猪后部，公猪进入采精室后，让其先熟悉环境。公猪很快会去嗅闻、啃咬假母猪或在假母猪上蹭痒，然后就会爬跨假母猪。如果公猪比较胆小，可将发情旺盛母猪的分泌物或尿液涂在麻布上，使公猪嗅闻，并逐步引导其靠近和爬跨假母猪。同时可轻轻敲击假母猪以引起公猪的注意。

4. 不易调教的公猪的调教。如果以上方法都不能使公猪爬跨假母猪，可用一头 2～3 胎的发情旺盛的母猪赶至采精室，然后将待调教的种公猪赶到采精室，当公猪爬跨发情母猪时，在公猪阴茎伸出之前，两人分别抓住其左、右耳拉下，当公猪第二次爬跨发情母猪时，用同样的方法将其拉下。这时公猪的性欲已经达到高潮，立即将发情母猪赶走，然后诱导公猪爬跨假母猪，一般都能调教成功。

5. 调教时的采精。当公猪爬跨上假母猪后，采精员应立即从公猪左后部接近，并按摩其包皮，排出包皮液，当公猪阴茎伸出时，应立即用右手握成空头拳，使阴茎进入空拳中，立即将阴茎的龟头锁定不让其转动，并将其牵出，开始采精。具体采精操作参看采精操作规程。

6. 注意事项。将待调教的公猪赶至采精室后，采精员必须始终在场。因为一旦公猪爬跨上假母猪时，采精人员不在现场，不能立即进行采精，这对公猪的调教非常不利。调教公猪要有耐心，不准打骂公猪；如果在调教中使公猪感到不适，这头公猪调教成功的希望就会很小。一旦采精获得成功，分别在第二、第三天各采精 1 次，以利公猪巩固记忆。

（三）采精操作规程

1. 稀释液、精液品质检查用品准备。采精前应配制好精液稀释液，并将稀释液放在 35℃ 水浴锅中预温。同时打开显微镜的恒温台，使控制器温度调至 38℃，并在载物台上放置两张洁净的载玻片和盖玻片，然后准备采精用品；没有恒温台的实验室，可将两块厚玻璃和两张洁净的载玻片和盖玻片放于恒温消毒柜中，将消毒柜控制器调整至 40℃。

2. 采精杯安装及其他采精用品准备。将洗净干燥的保温杯打开盖子，放在 37～40℃ 的干燥箱中约 5 分钟。取出，将两层食品袋装入保温杯内，并用洁净的玻璃棒使其贴靠在保温杯壁上，袋口翻向保温杯外，上盖一层专用过滤网，用橡皮筋固定，并使过滤网中部下陷，以避免公猪射精过快或精液过滤慢时，精液外溢。最后用一张纸巾盖在网上，再轻轻将保温杯盖盖上。取两张纸巾装入工作服口袋中；采精员一手（右手）带双层无毒的聚乙烯塑料手套，另一手（左手）拿保温杯或将集精杯放于工作服的口袋中。

3. 检查采精室。检查各种设备是否牢固可靠，用品齐全。

4. 公猪的准备。采精员将待采精的公猪赶至采精栏，如果时间允许，可用 0.1% 的高锰酸钾溶液清洗其腹部和包皮（可用喷水瓶喷消毒液），再用温水（夏天用自来水）清洗干净并擦干，避免药物残留对精子造成伤害。必要时，可将公猪的阴毛剪短。

5. 按摩公猪的包皮腔，排出尿液。采精员蹲在（或坐在）公猪左侧，用右手尽可能地按摩公猪的包皮，使其排出包皮液（尿液），并诱导公猪爬跨假母猪。

6. 锁定公猪阴茎的龟头。当公猪爬跨假母猪并逐渐伸出阴茎（个别公猪需要按摩包皮，使其阴茎伸出），脱去外层手套，使公猪阴茎龟头伸入空拳（拳心向前上，小指侧向前下）；用中指、无名指和小指紧握伸出的公猪阴茎螺旋状龟头，顺其向前冲力将阴茎的 S 状弯曲拉直，握紧阴茎龟头防止其旋转，公猪即可安静下来并开始射精；小心地取下保温杯盖和盖在滤网上的纸巾。

7. 精液的分段收集。最初射出的少量精液含精子很少，而且含菌量大，所以不能接取，等公猪射出部分清亮的液体后，可用纸巾将清液和胶状物擦除。开始接取精液，有些公猪分 2～3 个阶段将浓份精液射出，直到公猪射精完毕，射精过程历时 5～7 分钟；如果条件允许应尽可能只收集含精多的精液，清亮的精液尽可能不收集。

8. 采精结束。公猪射精结束时，会射出一些胶状物，同时环顾左右，采精人员要注意观察公猪的头部动作。如果公猪阴茎软缩或有下假母猪动作，就应停止采精，使其阴茎缩回。注意：不要过早中止采精，要让公猪射精过程完整，否则会造成公猪不适。

9. 将精液送至实验室。除去过滤网及其网上的胶状物，将食品袋口束在一起，放在保温杯口边缘处，盖上盖子。将公猪赶回猪舍，将精液送实验室。

（四）采精注意事项

采精工作人员应耐心细致，确保工作人员和公猪的安全，防止公猪长期不采精或过度采精，造成公猪恶癖。并应总结小公猪调教的经验，保证每头公猪都能顺利调教成功。

1. 人畜安全。 ①采精员应注意安全，平时要善待公猪，不要强行驱赶、恐吓。②初次训练采精的公猪，应在公猪爬上假母猪后，再从后方靠近，并握住阴茎，一旦采精成功，一般都能避免公猪的攻击行为。③平时仍应注意观察公猪的行为，并保持合适的位置关系，一旦公猪出现攻击行为，采精员应立刻逃至安全角。④确保假母猪的牢固，并保证假母猪上没有会对公猪产生伤害的地方，如锋利的边角。

2. 使公猪感到舒适。 ①在锁定龟头时，最好食指和拇指不要用力，因为这样可能会握住阴茎的体部，使公猪感到不适。②手握龟头的力量应适当，不可过紧也不可过松，以有利于公猪射精和不使公猪龟头转动为度，不同的公猪对握力要求都不相同。③即使不收集最后射出的精液也应让公猪的射精过程完整，不能过早中止采精。④夏天采精应在气温凉爽时进行，如果气温很高，应先给公猪冲凉，半小时后再采精。

3. 精液卫生。 ①经常保持采精栏和假母猪的清洁干燥。②保持公猪体表卫生，采精前应将公猪的下腹部及两肋部污物清除，同时注意治疗公猪皮肤病（如疥癣），以减少采精时异物进入精液中。③采精前尽可能将包皮腔中的尿液排净，如果采精过程中包皮腔中有残留尿液顺阴茎流下时，可放下集精杯，用一张纸巾将尿液吸附，然后继续采精。如果包皮液（尿液）进入精液中，可使精子死亡，精液报废。④不要收集最初射出的精液和最后部分精液。

4. 采精时间。 应在采食后 2 小时采精，饥饿状态时和刚喂饱时不能采精。最好固定每次采精的时间。

5. 采精频率。成年公猪每周 2～3 次，青年公猪（1 岁左右）每周 1～2 次。最好固定每头公猪的采精频率。

2 禽的采精技术

■ 鸡的采精技术

（一）采精适龄

种公鸡发育到 20 周龄时，性腺基本发育成熟，但仍不能进行采精，否则，就会影响种公鸡的使用寿命和精液品质，影响种蛋的受精率。一般情况下，种公鸡应发育到 22～26 周龄时进行采精。

（二）种公鸡群的建立与比例

建立一个优良的种公鸡群是保证种蛋具有较高受精率的重要基础，必须按要求做好种公鸡的选择，并按比例决定选留或淘汰。

第一次选择。第一次选择应在 6～8 周龄进行，选留个体发育良好、冠髯大而鲜红的公鸡，有缺陷者应淘汰，且选留比例应稍大。

第二次选择。第二次选择应在 17～18 周龄进行，选留发育良好、符合标准体重、腹部柔软、按摩时有性反应（如翻肛、交配器勃起等）的公鸡，这类公鸡可望日后有较高的生存力和繁殖力。选留比例要大于最终计划选留数的 30％。

第三次选择。第三次选择应在 20 周龄进行，选留主要根据体重和精液品质，按每百只母鸡选留 3～5 只种公鸡的比例进行。若全年实行人工授精的种鸡场，还应选留 15％～20％的后备种公鸡或补充新的公鸡。

（三）采精训练

种公鸡采精前必须对其进行人工采精训练，促使种公鸡尽快形成固定的性反射，以利于人工采精的顺利进行。

1. 采精前饲养管理。将选择好的种公鸡在采精前 1～2 周投入单笼，按种公鸡的管理要求进行饲养，每天光照时间为 14～15 小时。

2. 采精调练。种公鸡单笼饲养 1 周后，用选定的采精方法，按操作要求对种公鸡进行采精调练。每天 1～2 次，一般经过连续 3～5 天训练后，即可采到精液。

在采精训练中，对性反应迟钝者应加强训练或淘汰处理。

（四）采精前的准备

1. 种公鸡的准备。①经调教后的种公鸡，应在采精前 3～4 小时断水断料，防止采精时排粪，污染精液。②将种公鸡肛门周围的羽毛剪去，以利于采精操作。③用 70％酒精棉球对种公鸡肛门周围皮肤擦拭消毒，再用蒸馏水擦洗，待微干后采精。

2. 采精器具与物品准备。①器具准备。包括诱情母鸡、电刺激采精仪、电极棒、剪毛剪、酒精棉球、蒸馏水、稀释液、采精器、集精杯、生理盐水、围裙、凳子、温度计和保温器具等。采精用具主要是采精杯，一般由优质棕色玻璃制成。②消毒。根据选定的采精方法，备足采精器具及用品。但采精、贮精器具必须经高压消毒后备用。若用 75％酒精消毒，则必须在消毒后用生理盐水或稀释液冲洗 2～3 次，并经干燥后备用。集精瓶内水温应保持在 30～35℃。③采精员准备。按要求多人或一人操作。凡操作人员必须熟练掌握采精技术要领，操作娴熟，且配合默契。

（五）采精方法

种公鸡的采精方法有母鸡诱情法、电刺激采精法、按摩采精法三种。目前生产中较常用的采精方法是按摩采精法。按摩采精法又分背腹式按摩采精法和背式按摩采精法两种。既可两人操作，也可单人操作。

双人操作保定：助手双手握种公鸡大腿根部，并压住主翼羽防止扇动，使其双腿自然分开，尾部朝前，头向后固定于助手右侧腰部，使头尾保持水平或尾稍高于头部。

单人操作保定：采精员系上围裙坐于凳子上，用大腿夹住鸡双腿，使鸡头朝向左下侧，可空出双手。

具体采精方法及步骤见本模块"技能训练指导"。

小常识

精液品质鉴定

对采到的精液要适时进行品质鉴定。对精液品质不符合要求的种公鸡或在排精同时有排粪的种公鸡，均应淘汰。优秀种公鸡精液品质要求是：射精量不少于 0.35 毫升，精子密度每毫升不少于 15 亿个，精子活力不低于 0.7。

（六）采精频率

种公鸡的射精量和精液品质会随着采精频率的升高而降低。如自然交配的公鸡，每天射精达 40 余次，但在最初的 3～4 次后，其余精液中几乎找不到精子。而经过 43 小时休息后，精液量和精液品质可恢复到最好水平。因此，鸡的采精次数为每周 3 次或隔日 1 次。若配种任务重，可连采两天（每天 1 次）休息一天，但必须是 30 周龄以上的种公鸡。

种公鸡的采精间隔时间也不能过久。如每 6 天采精 1 次与每天采精 1 次所得精液的品质相似。若间隔两周再采精，则精液品质明显退化，因此，第一次采得的精液应弃之不用。

公鸡每天早上或下午的性欲最旺盛，是采精的最佳时间。若采精用于保存，则早上、下午采精均可；若采精后安排输精，则应在下午采精较为适宜。

■ 鸭、鹅的采精技术

（一）采精适龄

鸭（鹅）与鸡一样，不能过早进行采精配种。经大量生产实践证明，鸭的采精适龄为 24～27 周龄，鹅的采精适龄为 32～36 周龄。

（二）采精训练

种用公鸭（鹅）在对其进行采精前，必须进行调教训练，并根据实际情况加以选留，以保证人工授精的顺利进行。具体要求如下：①对后备种公鸭（鹅）进行体格外貌、生殖器检查，选留体格中等、生殖器发育正常的种公鸭（鹅）。②开始采精前 2～4 周投入单笼饲养。③对已隔离饲养的种公鸭（鹅），按采精操作要求进行采精训练，每天 1～2 次，连续 7～10 天，直至采到精液。

（三）采精前的准备

鸭（鹅）采精前的准备工作与鸡相同，采精用具主要为集精杯。

（四）采精方法

鸭（鹅）的采精方法主要用按摩采精法。具体采精方法见本模块"技能训练指导"。

（五）采精时间与频率

公鸭（鹅）与公鸡相似，每天早上或下午交配欲旺盛。因此，若用于保存，上午、下午采精均可；若直接用于输精，鸭应在上午采精，鹅应在下午采精。

鸭、鹅的采精既不可过于频繁，也不可长期不采精，合理的采精频率应为每周 3 次或隔日 1 次。若考虑到鸭、鹅的精液品质，并用于长期保存时，应在春季采精，其受精率明显高于其他季节。

参考文献

耿明杰.2006.繁殖与改良.北京：中国农业出版社.

张周.2001.家畜繁殖.北京：中国农业出版社.

张忠诚.2009.家畜繁殖学.第四版.北京.中国农业出版社.

单元自测

（一）填空题

1. 公猪调教的年龄为_____月龄，每次调教的时间不超过_____分钟。

2. 公猪采精频率，一般成年公猪每周_____次，青年公猪（1岁左右）每周_____次。

3. 种公鸡应发育到_____周龄时进行采精；鸭的采精适龄为_____周龄，鹅的采精适龄为_____周龄。

4. 种公鸡的采精方法主要采用按摩采精法，分_____和_____采精法两种。

5. 鸡的采精次数为每周_____次或隔日_____次，若配种任务重，可连采两天（每天1次）休息_____天。鸭、鹅的合理的采精频率应为每周_____次或隔日_____次。

（二）简答题

1. 怎样调教种公猪？

2. 简述公猪采精技术。

3. 分别叙述鸡的背腹式按摩采精法和背式按摩采精法，两种方法有何不同？

4. 简述鸭（鹅）采精方法。

技能训练指导

一、采取公猪精液

（一）目的和要求

通过技能训练，掌握公猪采精操作方法。

（二）材料和工具

种公猪、假母猪、采精室（栏）、防护栏、水管、赶猪板、保温箱、采精杯、食品袋、过滤网、一次性手套、纸巾、橡皮筋、恒温箱、玻璃棒等。

（三）实训方法

1. 采精用品准备。采精前凡是与精液接触的用品必须严格消毒，尤其是采精杯的制备，先在保温杯内衬一只一次性食品袋，再在杯口覆四层脱脂纱布，用橡皮筋固定，要松一些，使其能沉入 2 厘米左右。制好后放在 37℃恒温箱备用。

2. 公猪的准备。在采精之前先剪去公猪包皮上的被毛，防止干扰采精及细菌污染。将待采精公猪赶至采精栏，用 0.1％高锰酸钾溶液清洗其腹部及包皮。

3. 采取精液。公猪采精用手握法，先挤出包皮积尿，用清水洗净，抹干。按摩公猪的包皮部，待公猪爬上假母猪后，用温暖清洁的手（有无手套皆可）握紧伸出的龟头，顺公猪前冲时将阴茎的 S 状弯曲拉直，握紧阴茎螺旋部的第一和第二摺，在公猪前冲时允许阴茎自然伸展，不必强拉。充分伸展后，阴茎将停止推进，达到强直、"锁定"状态，开始射精。射精过程中不要松手，否则压力减轻将导致射精中断。注意在采精过程中不要碰阴茎体，否则阴茎将迅速缩回。收集浓份精液，直至公猪射精完毕时才放手，注意在收集精液过程中防止包皮部液体或其他如雨水等进入采精杯。

4. 将精液送至实验室检查。除去过滤网及其网上的胶状物，将食品袋口束在一起，放在保温杯口边缘处，盖上盖子；将公猪赶回猪舍，将精液送实验室。

5. 记录。采精完毕立即登记《公猪采精登记表》。

（四）实训报告

按照采取公猪精液操作方法、步骤、完成情况，编制技能训练报告。

二、鸡的采精

（一）目的和要求

通过技能训练，掌握公鸡采精操作方法。

（二）材料和工具

种公鸡、剪毛剪、酒精棉球、蒸馏水、稀释液、采精器、集精杯、生理盐水、围裙、凳子、温度计和保温器具等。

（三）实训方法

1. 种公鸡的准备。①经调教后的种公鸡，应在采精前3～4小时断水断料，防止采精时排粪，污染精液。②将种公鸡肛门周围的羽毛剪去，以利于采精操作。③用70%酒精棉球对种公鸡肛门周围皮肤擦拭消毒，再用蒸馏水擦洗，待微干后采精。

2. 采精器具与物品准备。①器具准备。采精用具主要是采精杯，一般由优质棕色玻璃制成。②消毒。采精、贮精器具必须经高压消毒后备用。

3. 采精员准备。按要求多人或一人操作。凡操作人员必须熟练掌握采精技术要领，操作娴熟，且配合默契。

4. 背腹式按摩采精法。①采精员用右手中指与无名指夹住采精杯，杯口向外。②左手掌向下，沿公鸡背鞍部向尾羽方向滑动按摩数次，以降低公鸡的惊恐，并引起性感。③右手在左手按摩的同时，以掌心按摩公鸡腹部。④当种公鸡表现出性反射时，左手迅速将尾羽翻向背侧，并用左手拇指、食指挤捏泄殖腔上部两侧，右手拇指、食指挤捏泄殖腔下侧腹部柔软处，轻轻抖动触摸。⑤当公鸡翻出交媾器或右手指感到公鸡尾部和泄殖腔有下压感时，左手拇指、食指即可在泄殖腔上部两侧适当挤压。⑥当精液流出时，右手迅速反转，使集精杯口上翻，并置于交媾器下方，接取精液。

5. 背式按摩采精法。①采精员右手持集精杯置于泄殖腔下部的软腹处。②左手自公鸡的翅基部向尾根方向连续按摩3～5次。按摩时手掌紧贴公鸡背部，稍施压力。近尾部时，手指并拢紧贴尾根部向上滑动，施加压力可稍大。③公鸡泄殖腔外翻时，左手放于尾根下，用拇指、食指在泄殖腔上部两侧施加压力。④右手持集精杯置于交媾器下方接取精液。

6. 按摩采精法的操作注意事项。①保持采精场所的安静和清洁卫生。②采精人员要固定，不能随意换人，采精日程要固定，以利排精反射的建立。③采精过程中要使公鸡保持舒适，不能粗暴惊吓公鸡，否则影响采精。④捏压泄殖腔力度要适中，过轻、过重均不利排精，甚至造成种公鸡损伤。⑤采精过程中，要保持无菌操作，采精前和采精后均应进行消毒。⑥采出的精液要置于 30～35℃的环境中妥善保管。

（四）实训报告

按照采取公鸡精液操作方法、步骤、完成情况，编制技能训练报告。

三、鸭、鹅的采精

（一）目的和要求

通过技能训练，掌握鸭、鹅采精操作方法。

（二）材料和工具

种公鸭（鹅）、剪毛剪、酒精棉球、蒸馏水、稀释液、采精器、集精杯、生理盐水、围裙、凳子、温度计和保温器具等。

（三）实训方法

1. 种公鸭、鹅的准备。①经调教后的公鸭、鹅，应在采精前 3～4 小时断水断料，防止采精时排粪，污染精液。②将种公鸭、鹅肛门周围的羽毛剪去，以利于采精操作。③用 70%酒精棉球对种鸭、鹅肛门周围皮肤擦拭消毒，再用蒸馏水擦洗，待微干后采精。

2. 采精器具与物品准备。①器具准备。采精用具主要是采精杯，一般由优质棕色玻璃制成。②消毒。采精、贮精器具必须经高压消毒后备用。

3. 采精员准备。按要求多人或一人操作。凡操作人员必须熟练掌握采精技术要领，操作娴熟，且配合默契。

4. 采精方法一。①助手将公鸭（鹅）保定（方法同种公鸡的按摩法保定）。②采精员左手由背向尾按摩，在坐骨部要稍加压力。③连续按摩数次后，抓住尾羽，用左手拇指与食指置于泄殖腔两侧，并沿腹部柔软部上下按摩数次。④当泄殖腔周围肌肉充血膨胀向外突起时，将左手拇指和食指紧贴于泄殖腔上、下部，右手拇指、食指紧贴于泄殖腔左、右两侧，两手有节奏地交替捏挤充血突起的泄殖腔。⑤当公鸭（鹅）阴茎外露时，左手捏住泄殖腔左、右两侧，防止阴茎缩回，并继续按摩。⑥右手迅速将集精杯置于阴茎下，接取精液，但左手要继续捏压阴茎基部，直至精液排完为止。

5. 采精方法二。①采精员坐于凳上，将公鸭（鹅）放在膝盖上，使其尾部朝向左侧。②助手在采精员右侧，左手握住鸭（鹅）两腿固定，使其保持爬伏姿势，右手持集精杯待用。③采精员将左手拇指和其余四指分开，自然弯曲，掌心向下，放在鸭（鹅）背两翅基部，由此向尾按摩数次，并夹压尾羽。④用右手掌托住软腹部由前向后按摩至泄殖腔数次，直至泄殖腔周围充血。⑤左手拇指、食指紧贴于泄殖腔上、下侧，右手拇指、食指紧贴于泄殖腔左、右两侧。两手有节奏地捏压按摩充血的泄殖腔。⑥当公鸭（鹅）将阴茎伸出时，右手继续捏压泄殖腔左、右两侧，防止阴茎缩回，以利于排精。⑦助手右手持集精杯置于阴茎下方，接取精液。

6. 按摩采精法的操作注意事项。①要保持采精场所的安静和清洁卫生。②采精人员要固定，不能随意换人，采精日程要固定，以利排精反射的建立。③采精过程中要使公鸭（鹅）保持舒适，不能粗暴惊吓公鸭（鹅），否则影响采精。④捏压泄殖腔力度要适中，过轻、过重均不利排精，甚至造成种公鸭（鹅）损伤。⑤采精过程中，要保持无菌操作，采精前和采精后均应进行消毒。⑥采出的精液要置于30～35℃的环境中妥善保管。

（四）实训报告

按照采取公鸭（鹅）精液操作方法、步骤、完成情况，编制技能训练报告。

学习
笔记

模块五

配种技术

1 自然交配与人工授精

▌自然交配

（一）配种的概念

1. 配种。配种是使母畜受孕的繁殖技术，包括自然交配与人工授精两种类型。

2. 自然交配。自然交配是指种公畜与发情母畜直接交配的配种方式称为自然交配（图 5-1）。

3. 受精。受精是指母畜的卵子与公畜的精子结合形成胚胎的生理过程或现象，是配种的目的，即配种成功后，可使卵子受精。

图 5-1　自然交配

（二）自然交配的方式

1. 自由交配。 是最简单的交配方式，在群牧条件下，公、母畜混群饲养，公畜任意和发情母畜交配。

其优点是省工省事，适合小群分散的生产单位，公、母畜比例适当，可获得较高的受胎率。

2. 分群交配。 在配种季节，把一头或数头经选择的公畜放入一定数量的母畜群中进行交配。如羊，一般公、母畜的比例为 1：（20～40）。这种配种方式可实现一定程度的选种选配。

3. 围栏交配。 配种时，在围栏内放入一头母畜与特定的公畜交配。

这种方法既可控制与配母畜的交配次数，又可提高公畜的利用率，同时可实现比较严格的选种选配。

4. 人工辅助交配。 公、母畜平时不混在一起饲养，当母畜发情时，将母畜赶到指定地点与公畜交配或将公畜赶到母畜栏内交配。当公畜爬上母畜背部时，繁殖人员用手把母畜尾拉开，另一手牵引公畜包皮引导阴茎插入阴道。然后观察公畜射精情况，当公畜射精完后，立即将公畜赶走，以免进行第二次交配。这种方法能合理地使用公猪，严格的选种选配，但只适用于畜群规模小的畜牧场。

自然交配存在的问题

（1）自由交配方式容易乱交滥配，易引起近亲繁殖，不仅会产生畸形胎儿，而且其后代生活力差，断奶成活率低，直接降低畜群繁殖力。

（2）自然交配可使种公畜的利用年限变短，精液品质变差，不能发挥优秀种公畜的作用，而且容易传播疾病。公、母畜无限交配，不安心采食，耗费精力，影响健康。

（3）自然交配时由于公畜体型大小不同而存在交配困难，实验表明，自然交配时仔畜和母畜死亡率高于人工授精。

（4）不利于进行配种记录和选配控制，无法推算预产期。

■ 人工授精

人工授精是使用器械（假阴道、集精杯等）采集公畜的精液，再用器械（输精枪、输精导管等）把经过检查和处理后的精液输入到母畜生殖道内，以代替公、母畜自然交配而繁殖后代的一种繁殖技术（图5-2）。

图5-2　人工授精

（一）人工授精的意义

第一，充分发挥公畜繁殖潜力，提高优良种公畜的配种效能和种用价值，有效改变家畜的配种过程。如牛，如果采用自然交配方式进行配种，一头种公牛只能承担30～50头母牛的配种任务，而通过将精液进行人工采集后，制作成细管冻精，则一次采精量可供500～1 500头母牛的配种需要（表5-1）。

表5-1　人工授精与自然交配的配种效率比较

畜种	自然交配	人工授精
猪	30~60 头/年	200~400 头/年
牛	20~40 头/年	6 000~12 000 头/年
羊	30~50 只/年	7 000~10 000 只/年
马	30~50 匹/年	200~400 匹/年

第二，加快家畜品种改良，促进育种工作进程。人工授精特别是冷冻精液的运用大大提高了公畜的配种效能，选择最优秀的公畜用于配种，使优秀种公畜的遗传基因迅速扩大，其后代生产性能迅速提高，从而加速了品种改良。

第三，种公畜的饲养头数减少，降低饲养管理费用。由于大大提高了种公畜的利用率，所以只需保留极少数的优秀个体，即可满足繁殖需要。

第四，配种时公、母畜互不接触即可完成配种，可防止某些生殖疾病的传播。由于人工授精必须严格遵守操作规程，只有健康的公、母畜才能用作人工授精，因此可减少和防止因本交引起的传染性疾病，如布鲁氏菌病、毛滴虫病、胎儿弧菌病、传染性流产等。

第五，克服公、母畜体格悬殊不易交配的困难，有利于提高母畜受胎率。良种公畜一般体型较大，与本地小体型的母畜交配会有很多障碍，人工授精技术的运用可克服这方面的问题。

第六，克服时间和地域的限制，并且可以开展国际间的交流与贸易。优良公畜的精液不仅可以长期冷冻保存，而且便于运输，因此可以在任何时间（即使在公畜死后）、任何地点选用某头公畜的精液输精。对一些有特殊遗传特性或即将绝迹的品种或个体的精液可以冷冻保存，建立精液基因库，对家畜的遗传、育种及动物多样性的保存均具有重大的科学价值。

第七，有利于精液的长期保存与利用。特别是冷冻精液的使用，可以让精液在数十年后依然具有利用效能。

第八，为开展生殖生物技术科学研究提供了有效手段。

第九，为实现工业化养殖提供方便，更提供了一种可能。

小常识

人工授精的弊病

（1）需要有熟练技能和严格遵守操作规范的技术员，才能发挥其巨大的优越性。

（2）如果操作技术不规范，不仅会影响受胎率，甚至会传播疾病。

（二）人工授精的基本环节

人工授精的基本技术环节包括采精、精液品质检查、精液的稀释、精液的分装、精液的保存（液态保存、冷冻保存）、精液的运输、冷冻精液的解冻与检查、输精等。

2 猪鲜精保存、运输和人工输精技术

■ 猪鲜精保存、运输

猪的鲜精保存，必须进行稀释，不可以原精保存，而且在采精后应立刻稀释，用于稀释精液的稀释液，必须在使用之前配制，这样才能保证稀释液有稳定的 pH。配制稀释液最好从市面上购买质量稳定的稀释粉按说明进行配制。稀释粉首先加入少量双蒸水充分溶解，然后加入定量的双蒸水，过滤后，贴好标签，注明品名、配制时间、配制人等，然后放入冰箱中在 4℃ 条件下进行保存，备用。

（一）猪精液稀释粉（剂）及其应用

1. 猪精液稀释粉（剂）的应用。猪精液稀释粉（剂）是为了能

够有效保存和扩大猪精液的利用范围和空间而设计的一种或多种由不同成分按一定比例组成的液体或粉状混合物，它是一种适宜于精子存活并保持精子受精能力的混合物。商品猪稀释粉（剂）质量稳定，效果确切，使用方便，可提高猪场劳动生产效率并降低劳动力成本。猪精液稀释粉（剂）通常有以下几种物质：

（1）稀释粉（剂）。稀释粉（剂）是用以扩大可利用的精液容量，因此稀释粉（剂）必须保证整个稀释液与精液具有相同的渗透压，比如生理盐水、等渗糖类等（图5-3、图5-4）。事实上在配制稀释液时，不用单独加入某些物质作为稀释剂，而是由稀释液中营养剂或保护剂结合承担的。

图5-3 进口稀释粉

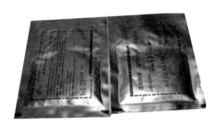

图5-4 国产稀释粉

（2）营养剂。营养剂是精子在保存过程中，不断地进行着新陈代谢而消耗营养与能量，为了使精子得到及时的补充，向精液中添加最简单的营养与能量物质，以补充消耗的营养与能源。如葡萄糖卵黄、奶类、果糖等。

（3）保护剂。保护剂是保护精子不受各种不良环境因素的危害而添加的物质，包括缓冲物质、防冷休克物质、抗冻物质和抗菌物质。如三羟甲基氨基甲烷（Tris）、柠檬酸钠、酒石酸钠、青霉素、链霉素等。

（4）其他添加剂。用于改善精子所处环境的理化特性，促进精子获能，提高受精率。如酶类、激素类、维生素类等。

2. 稀释粉（剂）的分类。稀释粉（剂）按照稀释用途和性质可分为四类。

（1）现用稀释液。现用稀释液常以简单的等渗糖类或奶类配制而成，也可用生理盐水作为稀释液。适用于现采集的新鲜精液，以扩大精液量，增加配种头数为目的，采精后立即稀释进行输精。

（2）常温保存稀释粉。常温保存稀释粉适用于精液的常温保存，一般 pH 较低。

（3）低温保存稀释粉。低温保存稀释粉适用于精液低温保存，含有卵黄和奶类为主的抗冷休克物质。

（4）冷冻保存稀释粉。冷冻保存稀释粉适用于精液冷冻保存，其稀释成分较为复杂，含有糖类、卵黄，还有甘油和二甲基亚砜等抗冻剂。

小常识

稀释剂按照保存的时间可分为三类。
（1）短效稀释剂：保存精液 2～4 天。
（2）中效稀释剂：保存精液 4～5 天。
（3）长效稀释剂：保存精液 5～7 天。

3. 选择精液稀释粉的原则。

（1）选择猪精液稀释粉（剂），首先要弄清楚自己的猪场精液要保存的期限。如若保存 3 天左右，选择短效型即可达到目的，就不必使用长效保存型。因为长效稀释剂与短效稀释剂在价格上存在很大差异，选择短效稀释剂能达到目的就没有必要选择长效稀释剂，这样更节约成本。

（2）"相同类型比质量，相同质量比价格"就是一种很好的选择方法。不论哪种类型稀释粉（剂），保存精液 4 天后，虽然精子活动力下降不一，但是受精能力还是会下降。

（3）选择精液稀释粉（剂）的生产厂家、类型、品牌以及市场影响力，尽可能要求质量保证、价格适中。

（4）有了优质精液稀释粉（剂），还必须实行规范的精液稀释操作。在第一次 1∶1 稀释后，于 17℃下静置 3～4 小时后再进行稀释。

这样的处理是为了确保精液保存 4 天后仍有很高受精力。

（二）猪鲜精稀释液的配制

1. 准备稀释精液。配制稀释液时要十分仔细小心。稀释粉（剂）要用电子秤准确称取。要按照生产厂商说明的使用量来做。称取好所需量的稀释粉（剂）后，再加入到一定量的蒸馏水。蒸馏水不能放置时间过长，每批使用在 3 天左右，因为首先时间过长，空气中的二氧化碳溶入，pH 下降；其次，时间太长微生物侵入，不宜使用，必须重新制作蒸馏水。预热蒸馏水到 30～35℃，这样使稀释剂溶解更快。有条件的养殖场最好有磁力搅拌器促进稀释液的溶解。注意，某些种类的稀释粉（剂）中含有的成分，要求其只能溶解在常温的蒸馏水中。溶解后的稀释液要过滤后才能使用，以免因少量杂质而造成精子聚头现象。精子是一种对外界环境十分敏感的细胞，若稀释液中含有不纯物质，如重金属、有机物和微生物都会损害精子。所以稀释液使用的水质是十分重要的。通常要用经过两次蒸馏的蒸馏水或等渗氯化钠溶液。

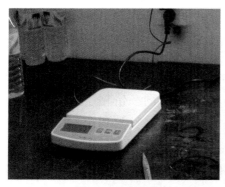

图 5-5　电子秤

图 5-6　磁力搅拌器

每天都要准备新鲜稀释液，配制好的稀释液不能超过 24 小时使用。有研究表明，室温下贮存 72 小时的稀释液，其抗生素浓度将会降低 25%。

尽量使用新鲜的稀释液，要在其配制好后 24 小时内使用，但也要注意,稀释液中的缓冲成分需要时间来平衡、稳定。因此,稀释液最好在配制好 120 分钟以后使用。

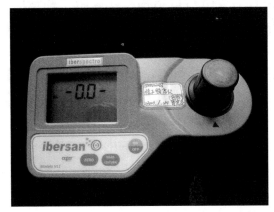

图 5-7 精子密度仪

2. 猪新鲜精液的稀释及注意事项。

(1)用于配制稀释液的器具必须消毒,使用前可用少量稀释液冲洗一遍。

(2)精液品质检查不合格(活率<0.7)的精液不能稀释。

(3)精液采集后尽快稀释,原精贮存时间不宜超过 30 分钟。

图 5-8 稀释精液

(4)稀释时严禁太阳光直射精液,应置于较暗处操作。

(5)精液要求在等温条件下稀释,以精液温度为标准,调节稀释液温度。

（6）稀释液用玻璃棒引流并沿杯壁加入到精液中，朝向一个方向搅拌混匀。

（7）高倍稀释时先进行低倍稀释，以防"稀释应激"。

（8）稀释倍数。根据精液的品质、输精量、配种母猪头数，以每个输精剂量80~100毫升含40亿个来确定稀释倍数，例如：采精量200毫升，活率0.8，密度2亿个/毫升，每个输精剂量100毫升含40亿个。假如要稀释200毫升的猪精液，其稀释倍数及需稀释液计算方法如下。

总精子数＝200毫升×2亿个/毫升＝400亿个

稀释份数＝400亿个×0.8/40亿个＝8

需稀释液＝8×100毫升－200毫升＝600毫升

图5-9 稀释后的精液

（9）稀释后要求静置片刻再做精子活率检查。

！温馨提示

使稀释液和精液温度相同是很重要的一个条件。在稀释精液前，测量精液和稀释液温度（精液温度大约为35℃），如果两者温度相差不超过±1℃，就可将适量的稀释液加入到精液中，并将两者轻柔混匀。每包装头份应至少含有 20 亿个有效精子，最多含有 45 亿个有效精子，输精体积至少为 50～70 毫升。精液稀释好后，就可以进行分装了。分装时，贴好写有公猪品种、公猪耳号、采精日期、稀释液名称的标签，然后发送或将其贮存在15～20℃的精液贮存箱中。

（三）猪精液的保存与运输

1. 精液的分装。精液的分装，有瓶装、管装和袋装三种，装精液用的瓶子、管子和袋子均为对精子无毒害作用的塑料制品。瓶装的精液分装时简单方便，易于操作，但因瓶子有一定的固体形态，输精时需人为挤压或瓶底插入排气用针；管装用于冷冻保存，猪冷冻保存技术难度大，国内运用不广泛；袋装的精液分装一般需要专门的精液分装机，用机械分装、封口，但输精时因其较软，一般不需要人为挤压。瓶子一般上面均有刻度，最高刻度为 100 毫升，袋装一般为 80毫升。

图 5-10　精液分装瓶

分装后的精液，要逐个粘贴标签，品种可用颜色来区分，标签上标明公猪耳号、采精处理时间、稀释后精液密度、稀释液的名称及制作人等，并将以上各项登记在记录本上，以备查验。

2. 精液的保存。

（1）保存温度。有常温液态保存（17℃）、低温保存（4℃）和冷冻保存（－196℃）。目前猪精液主要用常温液态保存及低温保存。

（2）常温液态精液的保存要求。猪精液保存温度小于15℃时，精子受冷应激容易休克，引起死亡；保存温度大于18℃时，精子缓慢复苏，处于运动状态，消耗能量，缩短保存时间。所以当只需保存3～4小时的精液，放在常温20℃左右室温保存即可。如需保存时间稍长点，当精液分装后，留在冰箱外1小时左右，或纱布、毛巾包裹放于室温下1～2小时，让其温度缓慢下降到17℃左右。

⚠ 温馨提示

　　为了避免匆忙中拿错精液，放入冰箱时，不同品种公猪精液应分开放置，不论是瓶装还是袋装，均应平放，并可叠放。从放入冰箱开始，冰箱内要放置温度计，随时监测温度变化。另外，精子放置时间一长，会大部分沉淀，因此，每隔12小时，要摇匀一次精液。对于一般猪场来说，可在早上上班、下午下班时各摇匀一次。减少保存箱开关次数，减少对精子的影响。

图5-11　保温运输箱

3. 精液的运输。①精液运输要保温、防震、避光。运输时精液容器应装满封严，并用毛巾包好，以免运输中振荡产生泡沫，应避免直射阳光。②尽量缩短运输时间，控制温度变化，冬季用保温箱内温度在 20℃左右，防止高低起伏。运输中可选用短程运输箱、双层泡沫箱、车载恒温箱等。③运输前应检查活率，低于 0.7 的精液严禁调出。包装瓶（袋）应排尽空气，以减少运输震荡。运输过程中，放入保温箱中保温（16～18℃）。应严格避光。到达目的地，检查精子活率，合格方可接收。

▐ 猪的人工输精技术

输精是人工授精技术的最后一环，输精效果的好坏，关系到母猪情期受胎率和产仔数的高低，而输精管插入母猪生殖道部位的正确与否是输精的关键。

（一）输精准备

1. 母猪的发情鉴定。 通常情况下，发情母猪外阴开始轻度红肿，以后逐渐明显，若打开阴户，则发现阴户黏膜颜色由红到紫的变化。部分母猪爬跨其他母猪，也接受其他猪只的调情和其他母猪爬跨，按压猪背时，母猪由不稳定到稳定。当母猪阴户呈紫红色，压背稳定时，则说明母猪已进入发情旺期。

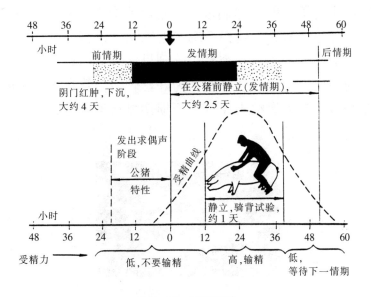

图 5-12　适时配种

2. 输精时间的把握。进行母猪授精时，新鲜精液和保存精液有一个时间的差别。新鲜精液因精子活力强，死精率低，故配种时母猪受胎率高；保存精液随着保存时间的延长，精子活力逐渐变弱，死精子数增多，母猪受胎率偏低。一般情况下，母猪的最佳输精时间为母猪出现静立反应后 12～24h。实践中，一般上午发现母猪出现静立反射，下午应输精一次，第二天下午再进行第二次输精；下午发现静立反应的母猪，第二天上午输精一次，第三天上午再进行第二次输精。

3. 精液的检查。输精前，精液要进行镜检，重点检查精子的活力，达不到活力要求的精液不能使用。对于多次重复使用的输精管，要严格消毒、清洗，使用前最好用稀释液洗一次。母猪阴部洗干净，并用毛巾擦干，防止将细菌等带入阴道。

（二）输精管的选择

输精管有一次性和多次性两种。

1. 一次性输精管。一次性输精管使用时不用清洗、消毒等，因此使用方便。一次性输精有螺旋头型和海绵头型，长度有 50～51 厘米。螺旋头一般用无副作用的橡胶制成，适合于后备母猪的输精；海绵头一般用质地柔软的海绵制成，通过特别黏胶与输精管黏在一起，适合于生产母猪的输精。选择海绵头型输精管输精时，一要注意海绵头黏得牢不牢，不牢固的则容易脱落到母猪子宫内；二要注意海绵头内输精管的深度，一般以 0.5 厘米为好，若输精管在海绵头内包含太多，则输精时容易因海绵头体过硬而损伤母猪生殖道，若包含太少又不易插入或难以输精。

图 5-13　螺旋头型输精管

图 5-14　海绵头型输精管

2. 多次用输精导管。 一般为一种特制的橡胶管，因其成本较低可重复使用而较受欢迎，但因头部无膨大部或螺旋部分，输精时易倒流，并且每次使用均需清洗、消毒，若保管不好还会变形。

图 5-15　猪输精导管

（三）输精方法

输精时，先将输精管海绵头用精液或人工授精用润滑液进行润滑，以利输精管的插入，并赶一头试情公猪在母猪栏外，刺激母猪性兴奋，促进精液吸收。

用手将母猪阴唇分开，将输精管沿着斜上方 45°慢慢插入阴道内，当插入 25～30 厘米时，会感到有一点阻力，此时，输精管顶部已到达子宫颈口，用手将输精管左右旋转，稍一用力，顶部即进入子宫颈第二至三皱褶处，如母猪处在发情最佳时期，便会将输精管锁定，回拉时会感到一定的阻力，此时即可输精。

用输精瓶输精时，当插入输精管后，用剪刀将精液瓶盖的顶端剪去，插到输精管尾部就可以输精；用精液袋输精时，只要将输精管尾部插入精液袋入口即可。为了便于精液的吸收，可在输精瓶底部插入注射针头，利用空气压力促进吸收。

输精时输精员同时要对母猪阴户或大腿内侧进行按摩，大腿内侧按摩更能增强母猪的性欲。输精员倒骑在母猪背上，并进行按摩，效果更显著。

输精时间一般为2～5分钟，时间太短，不利于精液的吸收，太长则不利于工作的进行。为了防止精液倒流，输完精后，不要急于拔出输精管，将精液瓶或精液袋取下，将输精管尾部打折，插入去盖的精液瓶和袋口内，这样既可防止空气的进入，又能防止精液倒流。

3 牛、羊冷冻精液保存、运输和人工输精技术

■ 牛、羊冷冻精液保存与运输

精液的冷冻保存是指将采集到的新鲜精液，经过特殊处理后，利用液氮（－196℃）作为冷源，以冻结的形式保存于超低温环境下，可进行长期保存。精液的冷冻保存是目前比较理想的一种方法。

（一）牛、羊冷冻精液保存的剂型

现在推广的冷冻精液的主要剂型为细管冻精。

1. 细管冻精的特点。细管冻精是用直径小、管壁薄的无毒塑料管盛装精液后冷冻而成，用专用输精枪输精。细管冻精适于机械化生产，避免了精液和液氮的直接接触，精子活力好，受胎率高。同时，具有冷冻时受冻均匀、解冻时受热一致、解冻运输方便、输精时不易污染、便于标记等优点。

图 5-16 细管冻精

2. 细管冻精的使用。

（1）细管冻精技术人员将抽样检查合格，做好品种、种畜号、冻精日期、剂型、数量等标记。然后放入超低温的液氮内长期保存备用，在保存过程中，必须坚持保存温度恒定不变、精液品质不变的原则，以达到精液长期保存的目的。

（2）细管冻精装在指形塑料管内，指形管装在液氮罐提筒内，液氮罐提筒务必浸在液氮中。

（3）取冻精时，根据标牌、标号用镊子从指形管或纱布袋中夹出所需种畜冻精，不得将盛放冻精的提筒或指形管提到液氮罐外面，只能提到液氮罐颈下的 10 厘米处，若经 6 秒钟仍不能取出冻精时，应迅速将提筒放入液氮中浸泡，稍后再取。

（二）牛、羊冷冻精液保存的容器

牛、羊冷冻精液保存用容器为液氮罐，是长期贮存精液的容器。为了使其中存放的精液质量不受影响，必须会使用液氮罐，并进行定期管护。液氮罐要放置在干燥、避光、通风、阴凉的室内。不能倾斜更不能倒伏，要稳定安放不要随便四处挪动。要精心爱护随时检查，严防乱碰乱摔容器的事故发生。

1. 罐体结构。液氮罐由外壳、内层、夹层、颈管、盖塞、贮精提筒及外套构成（图 5-17）。液氮罐有内、外两层，外层称为外壳，其上部是罐口；内层也称为内胆，其中的空间称为内槽，可将液氮和冷冻精液贮存于内槽中。内槽的底部有底座，用于固定贮精提筒；内、外两层间的空隙为夹层，是真空状态，夹层中装有绝热材料和吸附剂，以增强罐体的绝热性能，使液氮蒸发量小，延长容器的使用寿命；颈管有一定的长度，以绝热黏剂将罐的内、外两层连接，其顶部为罐口，与盖塞之间有孔隙，利于液氮蒸发的氮气排出，从而保证安全，同时具备绝热性能，以尽量减少液氮的汽化量；盖塞是由绝热性能良好的塑料制成，以阻止液氮蒸发，具有固定贮精提筒手柄的凹槽；贮精提筒置于罐内槽中可以贮放精液，其手柄挂于罐口边上，以盖塞固定；中小型液氮罐为了携带运输方便，有一外套并附有外挎用的背带。

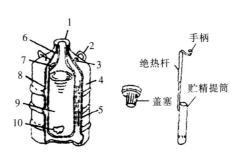

图 5 - 17　液氮容器结构

1. 保护圈　2. 把手　3. 真空嘴　4. 外壳　5. 高真空多层绝热
6. 颈管　7. 活性炭　8. 内壳　9. 液氮　10. 定位板

2. 液氮罐的使用及保养。

（1）液氮的填充。初次装入液氮时，开始要少量装入，且动作要慢，使整个罐部温度均匀的降低，然后再充满；为防止液氮直接冲击颈部，最好用大漏斗。当液氮消耗掉 1/2 时，即应补充液氮。罐内液氮的剩余量可用称重法来估算，也可用带刻度的木尺或细条等插至罐底，10 秒后取出，测量结霜长度来估算。

（2）贮存及取用精液。贮存精液时必须迅速的放入经预冷的贮精提筒内，浸入罐内液氮面以下，将提筒底部套入底座、手柄置于罐口的槽沟内，细管冻精装在指形塑料管或纱布袋内，浸入液氮，纱布袋系一标签固定在罐口外。取用精液时操作要敏捷迅速，贮精提筒提至颈管基部 6 秒内完成，要注意不要摩擦颈管内壁，并且不可过分的弯曲提筒的手柄（先推到对面，再提起来），取完精液后注意将精液容器再次浸入液氮内。

（3）液氮罐的保养。液氮罐应放置在凉爽、干燥、通风良好的室内，使用和搬运过程中防止碰撞。注意保护液氮罐盖塞和颈部，此部分质地脆弱易于损坏。罐体不可横倒放置。每年应清洗一次罐内杂物

（内有颗粒或其他东西），将空罐放置两天后，用 40～50℃ 中性洗涤剂擦洗，再用清水多遍冲洗，使其自然干燥或用吹风机吹干，方可使用。如使用过程中，罐子的外壁结霜，说明罐子的真空失灵，要尽快倒出精液于其他贮存罐中。

（4）液氮罐的使用。冻精取放时，动作要迅速，每次最好控制在 5～10 秒，并及时盖好容器塞，以防液氮蒸发或异物进入。在液氮中提取精液时，切忌把包装袋提出液氮罐口外，而应置于液氮罐颈之下。

> **⚠ 温馨提示**
>
> ### 液氮罐使用注意事项
>
> （1）液氮易于汽化，放置一段时间后，罐内液氮的量会越来越少，如果长期放置，液氮就会耗干。
>
> （2）必须注意罐内液氮量的变化情况，定期给罐内添加液氮。
>
> （3）不能使罐内保存的细管精液暴露在液氮面上，平时罐内液氮的容量应该达到整个罐的 2/3 以上。
>
> （4）拴系精液包装袋的绳子，切勿让其相互绞缠，使得精液未能浸入液氮内而长时间悬吊于液氮罐中。

（三）牛、羊冷冻精液的运输

冷冻精液需要运输到外地时，必须先查验一下精子的活力，并对照包装袋上的标签查看精子出处、数量，做到万无一失后方可进行运输。选用的液氮罐必须具有良好的保温性能，不漏气、不漏液。运输时应加满液氮，罐外套上保护外套。装卸应轻拿轻放，不可强烈震动，以免把罐掀倒。此外，防止罐被强烈的阳光曝晒，以减少液氮蒸发。

■ 牛、羊细管冻精配种技术

(一) 输精前的准备

1. 输精技术员的准备。输精技术员要身穿工作服，指甲剪短磨光，手掌和手臂洗净擦干后用75%消毒，牛直肠把握输精时，则应带长臂手套并涂以灭菌润滑剂。

2. 母畜的准备。经发情鉴定确定母畜已到输精时间，将母畜牵入保定栏内保定，将其尾巴拉向一侧，用温水清洗外阴，再用1∶1 000的高锰酸钾溶液对外阴进行消毒。

3. 输精用器械的洗涤和消毒。

（1）输精前，所有器械必须严格消毒。羊用金属开张器可用为火焰消毒后，再用75%的酒精棉球擦拭。

（2）输精枪的消毒，先用"洗涤剂"洗涤，然后用清水冲洗数次，再用38～40℃的蒸馏水冲洗。

（3）塑料制品用75%的酒精棉球擦拭消毒，金属制品用煮沸消毒或高压灭菌消毒。

（4）消毒完毕后，用消毒纱布包好，放在无菌消毒槽中备用。

4. 解冻与装枪。

（1）取出细管冻精迅速放入（38±2)℃水中直接浸泡，或用镊子夹着轻轻摆动，经15秒后提出，用无菌纱布擦干细管表面，用消毒过的专用剪刀剪去封口端。

（2）左手手持输精枪，右手将推进器（杆）向外拉出约13厘米，把细管有棉塞的一端放入枪膛内，或将细管有棉塞的一端套在输精枪推杆头上，用手将细管推入输精枪膛。

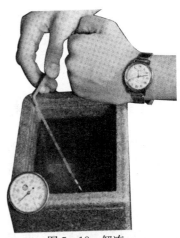

图 5-18　解冻

（3）把塑料套管套入输精枪枪管上，用塑料套管固定圈将塑料套管固定在输精枪把手上。

（二）配种方法

1. 母牛细管输精操作。

（1）直肠把握子宫颈输精法，也称深部输精法。右手将阴门撑开，左手将输精枪从阴门先斜向上插入阴道5～10厘米，即通过阴道前庭避开尿道口后，再向前水平插入直抵子宫颈外口。随后右手伸入直肠，隔着直肠壁探明子宫颈位置，并将子宫颈握于掌中，使子宫颈下部紧贴固定在骨盆腔底上。然后在两手协同配合下，输精枪枪头对准子宫颈外口，并边活动边向前推进，当感觉穿过2～3个子宫颈内横行的月牙形皱褶时，即可缓慢注入精液。输精完毕后。先抽出输精枪，然后抽出手臂。输精过程中，输精枪不可握得太死，应随牛的后躯摆动而摆动，以防损伤母牛生殖道。输精枪插入阴道和子宫颈时，要小心谨慎，不可用力过猛，以防黏膜损伤或穿孔。全过程应注意慢插、轻注、缓出。每头发情母牛每次输精时应用一支细管（解冻后呈直线前进的精子数1 000万个以上），每一情期可在第一次输精后12小时再输精1次。若用同一支输精枪给多头母牛输精，每次输精都应更换塑料套管。

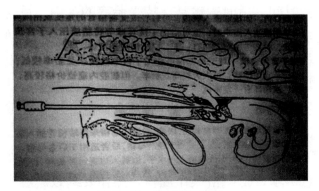

图5-19　细管输精操作

由于此法将精液注入子宫颈深部，受胎率较高；用具较少，操作安全，阴道不易感染；母牛无痛感刺激，处女牛也好使用；但此法初学者较难掌握，在操作时要特别注意把握子宫颈的手掌位置，不能太靠前，也不能太靠后，否则都不易将输精管插入子宫颈的深部。

（2）输精完毕后器械处理。①输精完毕，先取下塑料套管固定圈，再取下塑料套管。②已顶在塑料套管头部的绿色密封塞，可用细铁丝从塑料套管头部孔中顶下来（注意细铁丝直径应大于密封塞头部的小孔直径）。③弃去输精后的空细管。④假若棉塞堵住了密封塞孔，可用针轻轻挑掉。⑤将取下来的塑料套和密封塞及所有器械参照输精枪的消毒法进行消毒。

（3）注意事项。①定期随机抽样检查冻精活力。②检查用的显微镜放大倍数以 150～160 倍为宜，载物台温度应保持在 38～40℃。③每个样品应观察 3 个以上视野，并注意不同液层内精子状态进行全面评定。④检查细管冻精活力时，精子活力达 0.30 以上方可用于输精。

2. 母羊细管输精操作。

（1）输精方法及部位。将羊倒提，采用阴道开膣器法（或内窥镜法）输精。先将阴道开膣器（或内窥镜）均匀涂抹好消毒的润滑剂，再慢慢插入阴道并打开阴道，将装有解冻好的细管精液的输精枪枪头插入开张的羊子宫颈 1～2 厘米深，缓慢推动推杆，使精液缓慢通过子宫颈进入子宫。输精结束后使羊仍保持倒立姿势 3～5 分钟。

（2）输精时间。适时输精是保持受胎率的关键。适时输精时间应选择在接近羊发情后的 6～12 小时，也即出现发情征兆的 12 小时左右，一般母羊上午发情，晚上输精，晚上发情，第二天上午输精。输精次数只要掌握母羊发情排卵规律，适时输精，一个情期内输精两次和输精一次受胎率差异不显著。所以一个情期一次适时输精，即可怀孕受胎。但为了慎重起见，大多数地方仍采用两次输精。输精量建议每只羊 0.25～0.50 毫升精液，其有效精子数≥3 500 万个。

（3）注意事项。①严格操作规程，操作要细致。经产羊子宫颈无多少皱褶，子宫较长直，输精枪易于推进，初产羊皱褶多，输精枪不易把握，易造成出血，应特别小心。②准确判断母羊发情是保证受胎率的关键，最好用试情公羊法进行发情鉴定。③细管冻精每次离开液氮面的时间不超过 6 秒，否则会对精子活力有影响。④在温度较低的季节输精时，输精枪在装细管精液时温度不宜过低，以防精子低温休克。⑤水可导致精子全部死亡，所有与精子接触的器械绝对禁止带水。发现有水时，可用生理盐水或解冻液冲洗两次以上再用。⑥输精枪使用后应及时用清水冲洗，并用蒸馏水冲 1～2 次。连续使用同一输精枪时，每输完一只羊，应用酒精消毒，并用生理盐水冲洗两次后再用。⑦因山羊怕惊吓，输精时参加的人不要太多，并在羊熟悉的场地进行。⑧配种母羊做好配种记录，按输精先后组群。⑨加强饲养管理，为增膘保胎创造条件。

4 家禽的人工授精技术

■ 家禽精液处理技术

（一）精液品质检查

1. 外观检查。包括色泽、黏稠度和污染度。正常公禽精液为乳白色、非透明的浓稠液体。被粪便污染为黄褐色；被尿酸盐污染的精液，有粉白色棉絮状块；血液混入时为粉红色。污染的精液，易使精子发生凝集，精液品质急剧下降。大量透明液混入精液时，则精液呈水渍状。公禽精液量在 0.3～0.5 毫升，可从有刻度的集精杯读出。

2. 活率检查。在 40～42℃条件下检查精子活率。取 1 滴精液放在载玻片上，密度大时可加 1 滴生理盐水，盖上盖玻片，置于 100～200 倍显微镜下检查，观察精子运动情况，做出评定。此法快速、简单，但误差大。从而算出精子活率。活率检查于采精后 20～30 分钟内完成。

3. 密度检查。公禽射精量少，但精子密度较大。精液密度指每毫升精液中所含的精子数。在显微镜下根据精子稠密程度可分为：密——精子中间几乎没有空隙，鸡 40 亿个/毫升，火鸡 80 亿个/毫升以上；中——有空隙，鸡 20～40 亿个/毫升，火鸡 60～80 亿个/毫升；稀——稀疏，鸡20亿个/毫升以下，火鸡50亿个/毫升以下。

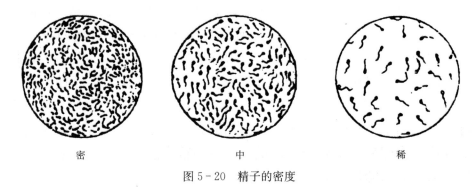

密　　　　　　　　　　中　　　　　　　　　　稀

图 5-20　精子的密度

4. 畸形率检查。家禽畸形精子的类型以尾部畸形居多，而以头部畸形的比例较少，其中包括尾巴盘绕、折断和无尾等。正常公鸡的精液中畸形精子占总精子数的5%～10%。

（二）精液稀释与保存

家禽精液量少，密度大，而母禽输精次数频繁。用原精液输精，公禽一次的射精量，仅够少数几只母禽输精。精液若经稀释，可增加输精母禽数，提高繁殖力，同时便于精液的保存和运输。例如，1只蛋用型公鸡，每次采到精液0.3～0.5毫升，若用原精液输精，能给10～20只母鸡输精，若将精液以1∶2稀释，用0.025～0.050毫升输精量，输入精子数不少于0.5～0.7亿个，可输18～30只母鸡。一般家禽精液的稀释倍数以1～4倍为宜。

1. 稀释液的配制。精液如果立即使用不做保存，可用简单稀释液进行稀释，并放在30～35℃的保温容器内，在30分钟内输精完毕。若母鸡群规模大，可选用简单稀释液或用BPSE液等将精液稀释后低温保存，稀释精液于2～5℃环境下可保存1～2天。如表5-2所示是家禽精液常用稀释成分。

表 5-2　家禽精液常用稀释液成分

名称	Lake液	生理盐水	磷酸缓冲液	BPSE液	等渗溶液	备注
葡萄糖					5.7	

（续）

名称	Lake 液	生理盐水	磷酸缓冲液	BPSE 液	等渗溶液	备注
果糖	1.00			0.50		①各稀释液除加表中成分外，再加 100 毫升双蒸离子水
一水谷氨钠酸	1.92			0.867		
六水氯化镁	0.068			0.034		
醋酸钠	0.857			0.43		②TES 为 N-三甲基-2-氨基乙烷磺酸
柠檬酸钠	0.128			0.064		
磷酸二氢钾			1.456	0.065		③每毫升稀释液中加青霉素 1 000 国际单位，链霉素 1 000 微克
三水磷酸氢钾			0.837	1.27		
TES				0.195		
氯化钠		0.9				

2. 稀释精液注意事项。

（1）用于稀释保存的精液应是无污染、透明液少的新鲜精液。采精后应尽快稀释，通常 10～15 分钟内进行。

（2）稀释前要检查精液品质，对活力低、密度差的精液不应稀释。稀释的精液在使用前还要检查活力。

（3）精液稀释要在等温条件下进行，凡与精液接触的器皿，稀释液都要与当时的精液温度相等或接近，防止温度起伏对精子产生应激。同时还应注意稀释液的 pH、渗透压是否与精液相同。

（4）稀释时，应根据刻度集精管上的射精量，按相应的倍数沿集精管壁慢慢加入已配稀释液，充分混匀，注意不要有气泡。

（5）如果采来的鲜精不在 30 分钟内输完，精液摆放时间过长，会因乳酸累积改变精子生存环境的 pH，导致某些酶的活性被抑制，使精子丧失其受精能力甚至死亡。使用一定稀释液后，在 2～5℃保存 24 小时再输精，输精后 2～8 天，种蛋受精率可超过 90%，与新鲜精液受精率接近。

■ 家禽的输精技术

（一）鸡的输精技术

1. 输精方法。母鸡输精常用阴道输精法。给母鸡输精时，要将母鸡泄殖腔的阴道口翻出（俗称翻肛），再将精液准确地注入左侧阴道口内。在大群进行人工授精时，输精由3人进行，一人翻肛，一人保定，另一人为输精员；翻肛人员用左手握住母鸡双腿，使鸡头向下，右手置于母鸡耻骨下给母鸡腹部施加外力。泄殖腔外翻时，阴道口露出在左上方呈圆形，右侧开口为直肠口。当阴道口外露后，输精员将吸有精液的输精管，插入阴道口2～3厘米注入精液，同时解除母鸡腹部的压力。

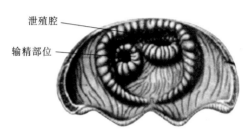

图5-21 输精部位

对笼养母鸡人工授精时，可不必将母鸡从笼中取出来，翻肛人员只需用左手握住母鸡双腿，将母鸡腹部朝上。鸡背部靠在笼门口处，右手在腹部施加一定压力，阴道口随之外露，即可进行输精。

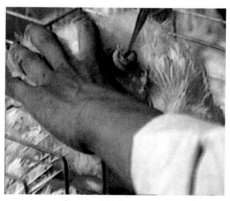

图5-22 笼养鸡的输精

2. 输精管具。可选用1毫升能调节、可连续定量输精器，100～200微升微量取样器，有刻度玻璃滴管。1毫升能调节、可连续定量输精器一次性可给20～30只母鸡输精，虽然输精快捷方便，但易造成交叉感染。有刻度玻璃滴管，加上皮头，这样的输精管便于控制剂量，操作方便。但最好选用 100～200 微升微量取样器，在取样器末端配有一次性吸头，每输完一只母鸡更换一根吸头，这样输精操作方便，剂量准确，又可防止疾病传播。

3. 输精间隔时间与剂量。输精时间一般在 16：00 以后输精。此时，母鸡基本上都已产蛋结束。输精时间间隔为每 5～7 天输精一次，每次输入新鲜精液 0.025～0.050 毫升，其中含精 1 亿个。母鸡第一次输精时，应注入 2 倍精液量，输精 48 小时后便可收集种蛋。

（二）鸭的输精技术

由于鸭的生殖道开口较深，阴道口括约肌紧缩，阴道不像母鸡那样容易外翻（特别是番鸭）。所以采用一般的输精法输精受精率不高。而常用的输精法有输卵管外翻输精法、手指引导输精法和直接插入阴道法三种方法。

1. 输卵管外翻输精法。输精员用左脚轻轻踩压母鸭背部，用左手挤压泄殖腔外缘，迫使泄殖腔张开，以暴露阴道口，再用右手将吸有精液的输精器从阴道口注入精液，同时松开左手。本办法受胎率高，但易造成阴道部感染，新手还易将产道内的蛋压破。因此，本办法要求输精员必须具备熟练的技术，同时做好消毒工作，以防阴道部感染。

2. 手指引导输精法。输精员用左手食指从泄殖腔口轻缓插入泄殖腔，于泄殖腔左下侧寻找阴道口位置。阴道口括约肌较紧，而直肠口较松。找到阴道口时，左手食指尖定准阴道口括约肌，与此同时右手将输精器的头部沿左手指食指的方向插入泄殖腔阴道口后，将食指抽出，并注入精液。本办法可借助食指指尖帮助撑开阴道口，以利于输精，最适用于一些阴道口括约肌紧缩的母鸭（如母番鸭）。

3. 直接插入阴道法。输精由两人配合完成，输精员要穿上围裙避免鸭粪污染衣服。将母鸭赶入舍内围住，将鸭头部放在两腿之间，尾部朝上，用右手轻压尾根，左手在泄殖腔下缘轻翻，即可翻出呈椭圆形的输卵管阴道部，并用左手食指压住粪道口。输精员右手持输精器，左手拿精液瓶，待将母鸭泄殖腔输卵管阴道部翻出后，将输精器与母鸭体成90°角，直线插入输精器，再将输精器朝水平方向推入，输精器插入阴道2~3厘米时，将精液注入。输精结束后，保定者左手放松，等泄殖腔恢复原状时，放开母鸭。在输精过程中，每只母鸭输精时间不宜太长，通常为10~12只/分钟。

4. 输精间隔时间与剂量。母鸭输精时间一般在08：00~11：00输精为好。此时，母鸭子宫内硬壳蛋尚未完全形成。输精时间间隔为每5~6天输精一次，每次输入新鲜稀释精液0.1~0.2毫升，每次输入活精子0.3亿~0.5亿个。母鸭第一次输精时应加倍。

（三）鹅的输精技术

1. 输精方法。

（1）阴道外翻法。①由2~3人配合完成，先将精液装入输精器，保定者兼注入工作。②母鹅跨骑于长凳上，胸部贴于长凳末端，腹部以下则悬于外面。③操作者站在左侧，右手心将尾羽往前翻并下压，同时左手将腹部上托，使腹压增大，右手食指与拇指打开泄殖腔口，此时直肠口先翻出，接着阴道口外翻。保定者迅速取输精器，插入阴道深部后，将腹部放松，让生殖道回缩，立即注入精液。④如若3人操作，另一人持输精器，为注入精液做好准备。这种输精法需要人手较多，3人操作最好，但鹅因为产蛋时间不规律，常会发现有些鹅只产道内有蛋未产出，需小心谨慎，以免鹅蛋破裂或使其生殖道受损。

图5-23　母鹅输精

（2）手指探测法。①两人配合，其中一人保定，另一人用手指探测并输精。②母鹅保定在长凳上，保定者双手轻轻按住母鹅腿和翅膀。③用右手食指伸入泄殖腔，探测位于左下侧的阴道口。④事先装好精液的输精器沿右手食指至阴道口，插入阴道后注入精液。此法用食指插入探测，操作简便，母鹅不会过度挣扎。但这种方法要求输精员有熟练的技巧，否则探不到阴道口、看不见精液注入阴道、输精器的活塞没回定好，精液就会遗漏而没有觉察。

2. 输精时间与剂量。输精量取决于精液品质的高低。输精时如使用原精液，一般每次输入的精液量为 0.03～0.05 毫升；如用稀释过的精液，用量为 0.05～0.10 毫升，每次输入活精子 0.3～0.5 亿个，如果母鹅产蛋期开始第一次输精，剂量应增加 1 倍，母鹅输精时间以每天 16：00～18：00 输精为好，母鹅以 5～6 天输精一次为宜。

⚠ 温馨提示

家禽人工授精注意事项

1. 严格无菌操作。采精前将集精杯、储精管、输精器等用清水洗涤干净，消毒、烘干备用。采精时要将公禽肛周羽毛剪去并消毒后方可采精。

2. 固定专人操作。采精人员固定专人操作，可使公禽建立条件反射，易于采出；输精人员固定专人操作，其方法娴熟，可做到迅速、足量、准确输精，既减少鸡群应激，又能提高工作效率，确保种蛋受精。

3. 快速输精操作。精液收集后，需置于 35～40℃温水中暂存，因此采精后应在半小时内尽快将精液用完。

4. 输精操作要轻缓。捉母鸡和输精时，动作要轻缓，以免压损生殖道内的硬壳蛋，输精器插入及注入要缓，不能用力过猛，勿使空气进入。

5. **注意公、母禽营养。**在采精季节及母禽开产季节，加强种公禽及母禽的饲养管理，提供全价日粮以满足营养需要，提供适宜光照（每天 14～16 小时为宜），确保精液与受精卵质量和数量。

参考文献

韩孝昌 . 2012. 自然交配与人工授精对母猪繁殖性能的影响 . 养殖与饲料（5）：9～10.

王元兴 . 1997. 动物繁殖学 . 南京：江苏科技出版社 .

单元自测

（一）名词解释题

1. 自然交配。

2. 人工授精。

（二）填空题

1. 自然交配的方式有_____、_____、_____、_____。

2. 人工授精的技术环节 _____、_____、_____、_____、_____、_____、_____。

3. 稀释粉（剂）按性质和用途可分为四类_____、_____、_____、_____。

（三）判断题（对的打√，错的打×）

1. 猪的鲜精可原精保存，不必在采精后立刻稀释。（　　）

2. 稀释液配制好后，可长期保存，随时使用。（　　）

（四）简答题

1. 自然交配的不良后果有哪些？如何杜绝？

2. 如何对各种家禽进行输精？输精过程中有哪些注意事项？

技能训练指导

一、猪鲜精的稀释与保存

（一）目的和要求

学会猪鲜精稀释粉（剂）的选用及配制，学会猪鲜精液的稀释及使用。

（二）材料和工具

稀释粉（剂），玻璃棒、烧杯各 2 个，蒸馏水，恒温箱，精液分装瓶（管、袋），水浴锅 1 台，磁力搅拌器，集精杯（可用保温杯代替），聚乙烯塑料袋或食品保鲜袋，精子密度仪，纱布，剪刀，滤纸，保温运送箱，毛巾等。

（三）实训方法

1. 把一包稀释粉（大约 50 克），倒入 1 升蒸馏水中，至少在使用前 1 小时准备好。

2. 在操作室内，把装有精液的集精瓶从保温运输箱中取出，去掉过滤纸，测量精液的温度。

3. 对精液进行品质检查，并计算精子的密度以确定稀释的倍数。

4. 让精液逐渐降温，下降的速度不能超过每 5 分钟 1℃。精液降温的时间可能需要 15～20 分钟。

5. 把计算好的稀释液倒入另一个烧杯中，并测量温度。

6. 当稀释液与精液的温度基本一致时，把稀释液缓慢倒入精液中，并不断按顺时针方向轻轻搅拌。

7. 把稀释后的精液分装成若干头份，每头份 80～100 毫升，并含有 40 亿个有效精子。

8. 保存稀释好的精液，使其在 3～5 天内能够很好地使用。

（四）注意事项

1. 配制稀释液最好在稀释前 1～2 小时配制，稀释精液必须充分溶解在双蒸水中，有条件的可用磁力搅拌器搅拌以达到充分溶解的目的，还需再过滤一次。使用前，在水浴锅中预热。

2. 稀释液用不完可贮存，但要在 24 小时内使用完。抗生素的添加，应在稀释精液时加入到稀释液中，加得过早会使抗生素失效。

3. 稀释前，调整稀释液的温度和原精液接近，相差不能超过 1℃。稀释时，将稀释液顺着盛放精液的量杯壁慢慢注入精液，并不断用玻璃棒搅拌，以促进混合均匀。不能将稀释液直接倒入精液，因精子需要一个适应过程。

4. 精液稀释的成败与所用仪器的清洁卫生有很大关系。所有使用过的烧杯、玻璃棒、温度计，都要及时用蒸馏水洗涤，并进行高温消毒，这些是稀释后的精液能保证适期保存、利用的重要条件。

5. 在冬季，温度是一个至关重要的因素，温度的剧烈变化会导致精子大量死亡，所以在精液的稀释过程中一定要控制好操作室的温度，室内温度要控制在 22～24℃。必要时可以增加空调。

二、猪的人工授精

（一）目的和要求

学会使用母猪人工输精器具及输精的方法。

（二）材料和工具

种公猪、假母猪、采精杯、一次性保鲜袋、稀释粉、玻璃棒、烧杯、恒温水浴锅、恒温冰箱、毛巾、塑料分装瓶、一次性输精导管。

（三）实训方法

1. 输精前的准备：混合并搅拌稀释液，器皿和用具均预热到 37℃。

2. 稀释精液：把稀释液向原精液里慢慢注入并用玻璃棒轻轻搅拌。

3. 用分装瓶分装稀释好的精液，并标记好品种、稀释日期、稀释人员。

4. 把要超过 4 小时以后才用的精液放置到 17℃的恒温冰箱里进行保存。

5. 对母猪进行发情鉴定。

6. 在配种后 18～23 天进行返情检查，24 天后进行妊娠检测。

（四）注意事项

1. 饲养公猪的地方必须干净舒适，高质量的饲料是生产高产量精液的关键。

2. 精液的污染通常是由空气中尘埃、使用不洁净的器皿和卫生条件不佳等因素造成的。所以采精最好用专用的假母猪，场地环境一定要保持清洁干净。

3. 如果使用了不纯或储存时间太长的稀释粉来做稀释剂，将造成稀释液不佳和不稳定。

4. 稀释用水的质量一定要好、要纯。最好用双蒸水或去离子水，不能用自来水。

5. 如果输精前不检查精液质量，将造成配种质量的下降，通常情况下，未经品质检查或检查活力在 0.7 以下的精液不能稀释。

6. 如果公猪管理和饲养不良好，会导致精液的质量和数量下降。

7. 注意每头公猪的精液都有其自身的特征，存在个体差异。

8. 农户没有足够的经验来确定母猪的最佳输精时间，需由专业的技术员进行确定。

9. 输精管插入的位置有误，可能导致精液的损失或子宫内部的组织损伤。

学习笔记

模块六

妊娠诊断与助产

1 妊娠诊断技术

简便而有效的早期妊娠诊断，是母畜保胎、减少空怀、增加畜产品和提高繁殖率的重要技术措施。通过早期妊娠检查，可尽早确定已妊娠和未妊娠的母畜，分群管理。早期妊娠诊断的结果有助于对母畜整体生理状态和发情表现进行回忆和判断，找出不受胎的可能原因；也可根据与同一公畜配种母畜的受胎情况，分析公畜的受精能力，为公、母畜生殖疾病的发现和治疗，乃至淘汰提供依据。便于了解和掌握配种技术、方法以及输精时间方面的问题，提高受胎效果。

■ 妊娠母畜的生理变化

母畜妊娠后，胚胎的出现和存在引起母畜发生体型形态及生殖生理的变化，这些变化的掌握对于妊娠诊断尤为重要。

（一）母体全身的变化

母体怀孕后，母畜的新陈代谢旺盛，食欲增加，消化能力提高，表现为体重增加，皮红毛亮。怀孕后期，由于胎儿的急剧生长，怀孕前期母畜积蓄的营养物质大量消耗，如果饲养管理不当，母畜则表现消瘦。怀孕时出现水分分布的巨大变化，牛、马妊娠后期常可出现由乳房至脐部的水肿扩散。

（二）生殖器官的变化

1. 卵巢。卵巢上有突出于卵巢表面的不规则的较坚实的黄体存在，卵泡发育受抑制，很少有发育成熟的卵泡。随着妊娠的延续，胎儿体积增大，胎儿逐渐下沉于腹腔，卵巢也随之下沉。

2. 子宫。随着胚胎的逐渐成熟，子宫发生增生、扩展的变化。胎儿也随之增大，子宫壁扩张，变薄。通过直检，可触摸到子宫孕角，并有明显波动感。

3. 子宫颈。子宫颈紧缩，子宫颈的位置向一侧偏离，质地较硬，子宫颈口有黏滞的黏液（子宫栓）。

4. 阴唇与阴道。怀孕初期，阴唇收缩，阴门紧闭，随着妊娠的进展，阴唇的水肿程度增加，牛的这种变化很明显。怀孕后期阴道黏膜苍白。

5. 子宫动脉。由于供应胎儿的营养需要，致使血量增加，血管变粗，孕角出现的脉搏较空角明显。

▋▋妊娠诊断方法

（一）外部检查法

外部检查法主要是根据母畜配种后的行为和外部表现来判断是否妊娠的方法。母畜妊娠后，在生理上将发生一系列的变化，首先是停止周期性发情，食欲增进，性情变得温驯、迟钝，行动迟缓，膘情好转，被毛发亮；妊娠中期和后期，胸围增大，向一侧（牛、羊为右侧，猪为下腹部）突出；乳房胀大，牛还有腹下水肿现象；牛8个月以后可见胎动；妊娠后期（猪2个月后、牛7个月后）隔着右侧（牛、羊）或最后两个乳头上方（猪）的腹壁，可触诊胎儿；当胎儿紧贴母体腹壁处，可听到胎心音。

母畜妊娠的外部表现多在妊娠中、后期才比较明显，难于做出早期妊娠判断。特别是某些家畜在妊娠早期常出现假发情现象，容易干扰正常的诊断，造成误诊。

配种后因营养、生殖疾患或环境应激造成的乏情表现也有时被误认为妊娠的表现。因此，外部检查法并非一种早期、准确和有效的妊娠诊断方法，常作为早期妊娠诊断的辅助或参考。

（二）阴道检查法

阴道检查法是通过观察母畜阴道黏膜、黏液及子宫颈的变化而判定母畜是否怀孕的方法。母畜妊娠后阴道黏膜苍白、表面干燥、无光泽、干涩，插入开膣器时阻力较大。子宫颈口关闭，有子宫栓存在。随着胎儿的发育，子宫重量增加，子宫颈向一侧偏离。此法的不足点是：当母畜有持久黄体，子宫颈及阴道有炎症时，易造成误诊；如操作不当易造成流产。此法只是妊娠诊断的辅助方法。

（三）直肠检查法

直肠检查法是大家畜早期妊娠诊断最准确有效的方法之一。由于它通过直肠壁直接触摸卵巢、子宫和胎泡的形态、大小和变化，因此可随时了解妊娠进程和动态，以便及时采取有效措施。到目前为止，此法广泛应用于牛等大家畜早期妊娠诊断。

采用直肠触摸进行妊娠鉴定的主要依据是妊娠后生殖器官的相应变化。在具体操作时要随妊娠的时间阶段不同而有不同侧重，妊娠初期，主要以卵巢上黄体的状态、子宫角的形状和质地的变化为主；胎泡（胎儿、胎膜和胎水的总称）形成后，要以胎泡的存在和大小为主；胎泡下沉于腹腔时，则以卵巢的位置、子宫颈的紧张度和子宫动脉妊娠脉搏为主。

1. **妊娠母牛的直肠检查。**母牛妊娠 20～25 天，孕角侧卵巢有突出卵巢表面的黄体，子宫角变化不明显。

母牛妊娠 1 个月，子宫角间沟仍明显，孕角及子宫体较粗、柔软、壁薄，有弹性，内有液体波动，如软壳蛋样。空子宫角常收缩，有弹性且弯曲明显。

母牛妊娠 2 个月，角间沟不明显，子宫角进入腹腔，两角明显不对称，子宫孕角较长且较子宫空角粗约 1 倍，壁软而薄，且有液体波动感，孕角卵巢有明显妊娠黄体。

母牛妊娠 3 个月，角间沟消失，子宫颈移至耻骨前缘。由于宫颈向前可触摸到膨大的子宫骨盆腔向腹腔下垂，可摸到整个子宫范围，体积比排球小，偶尔可摸到浮在胎中的胎儿，子宫孕角大波动感明显。有时甚至可摸到蚕豆大小的胎盘突，触诊时可轻提子宫颈，明显感到子宫重量增大，孕侧卵巢的妊娠黄体明显。

母牛妊娠 4 个月，子宫颈移至耻骨前缘，提子宫颈可明显感到重量。子宫大如排球，子宫壁能摸到较多胎盘突，体积比卵巢稍小，子宫动脉孕脉轻微。

母牛妊娠 5 个月，子宫全部沉入腹腔，子宫颈在耻骨前缘稍下方。孕角侧子宫动脉孕脉较明显。

母牛妊娠 6 个月，胎儿较大，子宫沉到腹底，角侧子宫动脉粗大，孕脉明显，子宫空角侧子宫动脉出现弱孕脉。

❗温馨提示

直肠检查作为妊娠母牛早期妊娠诊断是很准确的一种方法，但较难把握，需要有一定的经验。具体操作方法同发情鉴定的直肠检查法。但要更加仔细，严防粗暴。检查时动作要轻、快、准确，检查顺序是先摸到子宫颈，然后沿着子宫颈触摸子宫角、卵巢，然后是子宫中动脉。

2. 羊的直肠检查。羊的直肠检查法多用探诊棒进行，检查时，将停食一夜的被检母羊仰卧保定，向直肠灌入 30 毫升左右的肥皂水，排出直肠内的宿粪，将涂有润滑剂的探诊棒插入肛门，贴近脊柱，向直肠插入 30～35 厘米，然后一只手将探诊棒的外端轻轻压下，直肠内一端稍微挑起，以托起胎胞，同时另一只手进行腹壁触摸，如触到块状实体，说明母羊已妊娠，如反复诊断均只能摸到探诊棒，说明未孕。此法适宜于配种 60～85 天的孕羊检查。

（四）腹部触诊法

通过用手触摸母畜的腹部，感觉腹内有无胎儿硬块或胎动的妊娠诊断法。此法多用于羊、兔。在母羊配种 20 天后，用双腿夹住母羊颈部进行保定，然后用两只手以抬抱方式在腹壁前后滑动，抬抱部位为乳房的前上方，如能摸到胎儿硬块或黄豆粒大小的胎盘子叶，既为妊娠。

（五）超声波诊断法

超声波诊断法是鉴定母畜妊娠既可靠又简单的方法，利用超声波的物理特性，来探知胚胎的存在、胎动、胎儿心音和胎儿脉搏等情况来进行妊娠诊断的方法。

利用超声波诊断妊娠的准确性随仪器的类型而异。如用 A 超声诊断仪可对妊娠 20 天以后的母猪进行探测，30 天以后的准确率可达 93％～100％；绵羊最早的在妊娠 40 天才能测出，60 天以上的准确率可达 100％；牛妊娠 60 天以上才能做出准确判断。可见该型仪器的诊断时间在妊娠中后期才能确诊。

B 超是将超声回音信号以光点明暗显示出来，回音强弱与光点的亮度一致，这样由点到线到面构成一幅被扫描部位组织或脏器的二维断层图像（称为声像图）。B 超可通过探测胎水、胎体或胎心搏动以及胎盘来判断母畜妊娠阶段、胎儿数、胎儿性别及胎儿的状态等。但早期诊断的准确率仍然偏低。对绵羊所做的妊娠检查的结果表明，20～25 天的准确率只有 12.8％，25 天以后准确率增加到 80％，50 天以上可达 100％。

小常识

在某些特定的条件下，还可采用简单的妊娠判断方法，如子宫颈—阴道黏液理化性状鉴定、尿中雌激素检查、外源激素特定反应等方法。这些方法难易程度不同，准确率偏低，难以推广应用。

2 家畜的助产

▌分娩过程

母畜的整个分娩过程可分为三个阶段，即开口期、胎儿产出期、胎衣排出期。

（一）开口期

从临产母畜阵缩开始，至子宫颈口完全开张为止。一般开口期持续时间为：母牛约 6 小时，猪 3～4 小时，羊 4～5 小时。但各种家畜初产时间较长，经产时间稍短。此时母畜表现轻微不安，食欲下降，反刍不规则，尾根频举，常做排尿姿势，不时排出少量粪尿。在开口期间，胎儿转变成分娩时的胎位和胎势。

（二）胎儿产出期

产出期从胎儿前置部分进入产道，至胎儿娩出为止。子宫肌发生更加频繁有力的阵缩，同时腹肌和膈肌也发生强烈收缩，腹内压显著升高，使胎儿从子宫内经产道排出。产出期一般为母牛 1～4 小时，产双胎时，两胎间隔 1～2 小时；猪胎儿产出期为 2～6 小时；羊胎儿产出期为 0.5～2.0 小时。

即将生产的母畜随着阵缩和努责的相继出现，并因阵痛表现不安，起卧不定，频频弓腰举尾做排尿状；不久即可出现第一次破水，常常先出现外层紫色的尿泡，待破裂后即可出现白色水泡（羊膜），羊膜随着胎儿向外排出而破裂，流出浓稠、微黄的羊水。母畜继续努责，使得胎儿前肢或后肢伸出阴门外，经多次反复伸缩并露出胎头后，母畜出现第二次破水，尿囊膜破裂，流出黄褐色液体。伴随产畜的不断阵缩和努责，整个胎儿顺产道滑下，脐带则自行断裂。产科临床上的难产即发生在产出期。难产常常由于临产母畜产道狭窄、分娩无力，胎儿过大，胎位、胎势、胎向异常等多种因素所造成。因此，要及早做好接产、助产准备。

（三）胎衣排出期

胎衣排出期指胎儿产出后至胎衣完全排出为止，母畜暂时安静下来，稍息片刻，子宫平滑肌又重新开始收缩，收缩的间歇期较长，力量减弱，同时伴有努责，直到胎衣完全排出为止。此期一般母牛为4～6小时，最多不超过12小时；猪为10～60分钟；羊为2～4小时。由于各种动物胎盘组织结构的差异，所以胎衣排出的时间各不相同。

■ 助产

（一）产前准备

根据配种记录和产前预兆一般在预产期前1～2周应将母畜转入产房做特殊护理。产房应阳光充足、通风、清洁，产床应铺洁净干草。产房内应配备常用药品及用具，如肥皂、毛巾、细绳、脸盆、纱布、绷带、消毒杀菌药水（如新洁尔灭、酒精、碘酊等）、剪刀、体温表等。

母畜临产前，用0.1%～0.2%的高锰酸钾溶液或2%的来苏儿溶液清洗消毒母畜的外阴部、肛门、尾根及后臀部，并擦干，缠尾，铺上柔软垫草，组织好夜间值班。

（二）正常分娩的助产

原则上，正常分娩的母畜无需助产。助产人员的主要职责是监视母畜的分娩情况，发现问题给母畜必要的辅助和对仔畜的及时护理。重点注意以下几个问题：①当胎头露出阴门之外，而羊膜尚未破裂时应立即撕破羊膜，使胎儿鼻端露出，防止窒息。②遇到羊水倒流，胎儿仍未排出时，可抓住胎头及前肢，随母畜努责，沿骨盆轴方向拉出胎儿，在牵拉过程中要注意保护阴门。③胎儿产出后，要立即擦干口腔和鼻腔黏液，防止吸入肺内引起异物性肺炎。④注意初生仔畜的断脐和对脐带的消毒，防止感染化脓。

（三）难产的救助原则和预防

难产会引起仔畜的死亡并严重危害母畜的生命和以后的繁殖力。因此，难产的预防是十分重要的。首先在配种管理上要避免母畜过早配种，由于青年母畜仍在发育，分娩时常因骨盆狭窄导致难产。其次要注意妊娠期间母畜的合理饲养，防止母畜过肥、胎儿过大。对妊娠母畜要安排适当的运动，这对胎儿在子宫内位置的调整、减少难产和胎衣不下等都有较为积极的作用。此外在临产前及时对孕畜进行检查、矫正胎位也是减少难产发生的有效措施。

当遇到母畜难产时，应立即请当地兽医部门的兽医助产，并遵守一定的助产原则。助产时，除注意挽救母畜和胎儿外，要尽量保持母畜的繁殖力，防止产道损伤、破裂和感染。为便于矫正和拉出胎儿，特别是当产道干燥时，要向产道内灌注大量润滑剂。矫正异常胎势时，要力求在母畜阵缩间歇期将胎儿推回子宫，以利矫正胎势。

3 产后母畜与新生仔畜的护理

产后母畜的护理

母畜分娩和分娩以后，由于胎儿的产出，会引起产道的开张以及产道和黏膜的某些损伤，母畜体力的大量消耗，特别是子宫内恶露的存在，加上母畜在这段时间抵抗力降低，都为病原微生物的侵入和感染创造了条件。为使产后母畜尽快恢复正常，应对其进行妥善的饲养管理。

对产后母畜的外阴部和臀部要做仔细的清洗消毒，勤换洁净垫草；供给质量好、营养丰富和容易消化的饲料；根据家畜品种的不同，一般在1～2周内转为常规饲料；注意观察产后母畜的行为和状态，发现异常情况应立即采取措施。

新生仔畜的护理

（一）新生仔畜的生理特点

新生仔畜的生理特点主要表现为：①生理机能还不甚完善。如消化道不发达，消化机能不完善。②由于气体交换、营养物质代谢和利用、环境温度的稳定性等方面与在母体内相比，都发生了急剧的变化，仔畜调温能力差，怕冷。③由于生长发育较快，所需营养物质多，特别是能量、蛋白质、维生素、矿物质等需要较多。

（二）新生仔畜的护理方法

为使仔畜尽快适应改变了的新环境，减少新生仔畜的病患和死亡，应做好以下几个方面的护理工作。

1. 擦拭黏液。 为防止新生仔畜窒息，当仔畜出生后应立即清除其口腔和鼻腔的黏液。一旦出现窒息，应立即找原因并施行人工呼吸。

2. 观察脐带。 观察脐带是否脱落、断裂。对产后脐带未扯断的犊牛，将脐内血液向脐部将，在距腹部 10 厘米处用消毒过的剪刀剪断，剪断后用手挤出血液等内容物，再用 5%～10% 碘酊溶液消毒。如果生后脐带已经扯断，则从犊牛腹部向断端挤出内容物，再剪断（少于 10 厘米不用剪）。剪断后将脐带浸入 5%～10% 碘酊溶液内消毒 1 分钟，直到出生 2 天以后脐带干燥时停止消毒。

对产后的仔猪，将脐带内的血液向仔猪腹部方向挤压，然后在距离仔猪腹部 3～4 厘米处把脐带剪断或用手指掐断，然后用碘酊溶液消毒即可。出血多时，用手指掐断脐带或用线进行结扎。

3. 早吃初乳。 母畜产后，头几天分泌的乳汁为初乳。一般产后 4～7 天变为常乳。初乳的营养完善，蛋白质、矿物质和维生素的含量较高，且容易消化，甚至有些小分子物质不经肠道消化可直接吸收。特别是初乳内含有大量的免疫抗体，这对新生仔畜获得免疫抗体提高抗病能力是十分必需的，因此必须让新生仔畜尽早吃到初乳。

新生仔猪在出生后 6 小时以前，胃肠道可将吃进的初乳中的抗体吸收到血液中，获得免疫力。窝产子多的，可考虑让先出生仔猪吃足初乳，0.5～1.0 小时后，再让其余的仔猪吃奶，以确保仔猪第一次吃奶就能吃饱。最初的几次哺乳，每次先将体重小的仔猪（2～3 头）放在前边，让其自己寻找乳头，吃乳 2 分钟后，再将其他仔猪放出。不必过分强迫体重小的仔猪吃前边的乳头。

4. 提供良好环境。由于新生仔畜的体温调节中枢尚未发育完全，皮肤调节体温的能力也比较差，在外界环境温度较低，特别是冬、春季要注意仔畜的防寒保温。分娩后应尽量擦干或让母畜舐干仔畜身上的黏液，可减少仔畜热量的散失，并有利于母仔感情的建立。

5. 做好记录。为了便于记载和鉴定，犊牛要剥去肉蹄称重，标记，扶助犊牛站立。仔猪要剪掉犬齿，还要断尾、编号、称重、记录。

6. 防止疾病。犊牛出生当天应补硒。肌内注射 0.1% 亚硒酸钠 8～10 毫升，或亚硒酸钠、维生素 E 合剂 5～8 毫升。生后 15 天再加补 1 次，最好进行臀部肌内注射。出生时补硒既促进犊牛健康生长，又防治发生白肌病。

刚出生的仔猪体内储存的铁及吃奶所补充的铁，只能保证 4～7 天不出现亚临床缺乏症状。因此，刚出生的仔猪最好是立即注射左旋糖酐铁钴合剂进行补铁，最迟不晚于 5 天，注射剂量为 100～200 毫克，妊娠母猪与仔猪缺乏维生素 E 或硒时，仔猪可从生后第二天起，每 30 天肌内注射 0.1% 亚硒酸钠 1 次，母猪 3～5 毫升，仔猪 1 毫升。

参考文献

张忠诚 . 2009. 家畜繁殖学 . 第四版 . 北京：中国农业出版社 .

钟孟淮 . 2009. 动物繁殖与改良 . 北京：中国农业出版社 .

单元自测

（一）填空题

1. 母畜妊娠诊断常用的方法有＿＿＿、＿＿＿、＿＿＿、＿＿＿。

2. 母畜分娩过程分为_____、_____、_____三个阶段。

3. 新生仔畜的护理有_____、_____、_____、_____、

_____、_____。

（二）简答题

1. 母牛配种后 1～2 个月直肠检查可根据哪些变化判定妊娠？

2. 如何使用 A 超、B 超诊断妊娠母畜（包括猪、牛、羊)？

3. 如何对新生仔畜进行护理？

技能训练指导

母猪的妊娠诊断

（一）目的和要求

了解和掌握母猪妊娠诊断的方法和技术。

（二）材料和工具

怀孕母猪与未怀孕母猪若干头。蒸馏水、A 型超声波妊娠诊断仪、B 型超声波妊娠诊断仪、耦合剂、毛巾、听诊器、提桶等。

（三）实训方法

1. 视诊。

（1）观察母猪外形的变化，如毛色有无光泽、发亮，阴户下联合的裂缝向上收缩成一条线，则表示受孕。

（2）母猪配种后 18～24 天不再发情，食欲增加，腹部逐渐增大，表示已受孕可能较大。

（3）母猪配种后 30 天乳头发黑，乳头附着的部位呈黑紫色晕轮表示已怀孕。

（4）配种 80 天后，母猪侧卧时可看到胎动，腹围增大，乳头变粗，乳房隆起，则表示母猪受胎。

2. 触诊。

（1）经产母猪配种后 3～4 天，用手轻捏母猪倒数第二对乳头，发现有一根较硬的乳管时，则表示受孕。

（2）配种 70 天后，在母猪卧下时，用手触摸母猪腹壁，可在乳

房的上方与最后两乳头平行处触摸到胎儿。妊娠母猪体形稍瘦，更容易触摸。

（3）指压法。用拇指与食指用力压、捏母猪第九至十二胸椎中线处，如背中部指压处母猪表现凹陷反应，则未孕；如指压时未表现凹陷反应，有时甚至稍凸起或不动，则表示怀孕。

3. A 型超声波检查法。通常母猪配种后 25 天便可利用 A 超进行检查，检查时，先清洗刷净探测部位，在 A 超的声窗部分涂上专用耦合剂，保证声窗部分与母猪皮肤之间有充分、良好的接触。由母猪下腹部左、右肋部前的乳房两侧探测，从最后一对乳房后上方开始，随着妊娠日龄的增长逐渐前移，直抵胸骨后端进行探测。妊娠诊断仪的探头紧贴腹壁，对妊娠初期母猪应将探头朝向耻骨前缘方向或呈45°角斜向对侧上方，要上下前后移动探头，并不断变换探测方向，以便探测胎动、胎心搏动等。

A 型超声波

母体动脉血流音呈现有节律的"啪嗒"声，其频率与母体心音一致。胎儿心音为有节律的"咚咚"或"扑通"声，其频率约每分钟200 次，胎儿心音一般比母体心音快 1 倍多，胎儿的动脉血流音和脐带脉管血流音如高调蝉鸣音，其频率与胎儿心音相同，胎动音像无规律的犬吠声，妊娠中期母猪的胎动音最为明显。

4. B 型超声波检查法。B 型超声诊断母猪妊娠，是诊断动物妊娠中应用最早、效果最好、效益最高的方法。其方法简单，结果准确。

B型超声波

（1）保定。母猪一般不需要保定，只要其保持安静即可，有条件的话在限位栏中对母猪进行检测更方便，姿势侧卧，安静站立最好，趴卧、采食均可。

（2）探查部位。体外探查一般在下腹部左侧或右侧、后肋部前的乳房上部，从最后一对乳腺的后上方开始，随妊娠时间的后延，探查部位逐渐前移，最后可达肋骨后端。猪被毛稀少，探查时不必剪毛，但需要保持探查部位的清洁，以免影响B超图像的清晰度，体表探查时，探头与猪皮肤接触处必须涂满耦合剂。

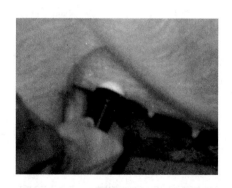

B超测定部位

（3）探查方法。体外探查时探头紧贴腹壁，早期妊娠检查，探头朝向耻骨前缘，骨盆腔入口方向，成45°角斜向对侧上方，探头贴紧皮肤，进行前后和上下的定点扇形扫描，动作要慢。妊娠早期胚胎很小，要细心、慢扫才能探到，切勿在皮肤上滑动探头，快速扫描。

（4）注意事项。

第一，B超对母猪进行妊娠检查时，建议初学者在母猪配种25

天后开始检测，因为此时母猪如果怀孕，孕囊已经很明显，可以很明显地在B超屏幕上显示出黑色圆形的孕囊，随着技术经验的不断提高，可以将第一次的检测时间逐渐的往前推移，但最早不可超过配种18天前检测，通常熟练者第一次检测时间可定在配种后21天。

第二，测孕最好进行两次检测，通常情况是在配种21～25天后进行第一次测孕，在配种35～45天进行第二次测孕，因为在猪的妊娠早期（配种20来天）容易出现隐性流产的问题，所以在20多天的时候测出母猪已经怀孕，到最后却不产仔，很可能是母猪隐性流产了。另外，孕囊被子宫吸收，也不表现出流产的症状，所以我们必须进行40天左右的第二次测孕，以提高其准确率。母猪在配种40天以后，假如流产会出现流产的症状，且此时能及时观察到。这个时候如果B超检测已经怀孕，就可以断定母猪已经怀孕。

第三，测孕的最佳时间段是配种后25～30天，因为此时孕囊最明显且呈现规则的圆形黑洞，易判断。但越往后发育，孕囊就会变得不规则，这样就没有前期好判断了，但与空怀的图像相对比还是能明显的发现其不同之处。当母猪妊娠天数达到70天以后，小猪骨骼钙化，此时在B超图像上显示的为一条间断形式的虚线弧线，此为小猪的脊椎骨，此时应以此作为判断母猪是否怀孕依据。

第四，母猪怀孕各时期的图像各有特点，但总结出来就只有三个典型时期的典型图像。

A：仪器检测到的子宫情况为一片灰白色，没有任何内容物，空怀图像，如下图。

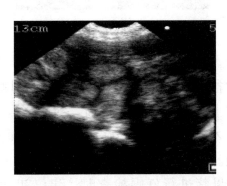

B. 怀孕 21～65 天的图像，此时母猪妊娠为孕囊期，可见图像有孕囊，孕囊在 B 超上显示为黑色圆形黑洞，如下图。

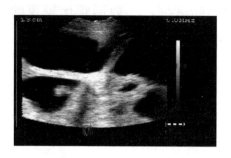

C. 怀孕 70 天以后的图像，此时小猪骨骼已经钙化，羊水被吸收，此时不再有黑色的孕囊，而表现为一条弧形似虚线的小猪脊椎骨，此时不易判断，但是和空怀的图像对比还是有很大的区别的，如下图。

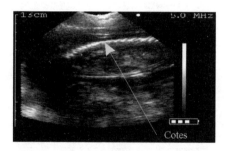

第五，当母猪子宫全部被憋尿的膀胱挡住的时候，此时不应进行怀孕检测，而应等母猪排尿后检测，由于子宫被膀胱挡住，子宫里面的情况不清晰，此时最容易出现误判，如下图为子宫被膀胱挡住的图像（膀胱为一大片的黑色暗区）。

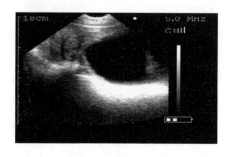

　　第六，注意孕囊与膀胱的区分。孕囊和膀胱同为黑色的暗区，区分的方法是：膀胱为大面积的黑色暗区，且整个屏幕只有一个，孕囊为圆形的不大的黑色暗区域，一般形状比较规则，为圆形或接近圆形，孕囊通常在画面上能显示很多个。

学习笔记

1 繁殖障碍及其防治

■ 公畜繁殖障碍

（一）先天性繁殖障碍

1. 隐睾。正常情况下，公畜的两个睾丸分居于阴囊的两个腔内，在腹腔外。而隐睾睾丸位于腹腔。公畜出生后睾丸就应该沿腹股沟进入阴囊内，如果公畜一侧或两侧睾丸未能进入阴囊，仍留在腹腔内，称隐睾（单隐睾或双隐睾）。患隐睾的动物有性欲，却无繁殖能力。隐睾症为隐性遗传病，单纯淘汰同胞不能完全消除群体中的隐睾症基因。为了防止隐睾症的发生，在一个群体中一旦发现隐睾症，就必须淘汰所有与其有亲缘关系的个体。

对于患有隐睾的公畜，不管是单隐睾还是双隐睾都不能留作种用，都要淘汰掉。

2. 睾丸发育不全。睾丸发育不全是指产生精子的精细管生殖层的不完全发育，发病率较隐睾症高。有的只有一侧睾丸发育不全，有的为两侧睾丸发育不全，大部分睾丸较小。而有些睾丸大小正常，但生精能力降低。

睾丸发育不全的公畜，其生育力降低或无生育力。所有睾丸发育不全的公畜应及早淘汰，如果是遗传原因引起的睾丸发育不全，还应淘汰其同胞甚至其父母。

(二) 性欲减退

性欲减退又称阳痿，在本交或人工采精时，阴茎不能勃起或不愿与母畜接触的现象。饲养管理不良是导致公畜性欲减退的主要原因。如饲喂过度，同时又缺乏运动，公畜肥胖虚弱且无性欲。采精时受到惊吓，以及采精操作不当或损伤阴茎等，均会引起公畜以后的性行为障碍。

(三) 交配困难

交配困难主要表现在公畜爬跨、插入和射精等交配行为发生异常，造成本交或采精失败。蹄病、四肢外伤、后躯或脊椎等疾病，都可造成爬跨无力，交配困难，阴茎伸出不足或阴茎下垂，都不能正常交配或采精。由外伤性和传染性引起的创伤、阴茎海绵体破裂而形成的血肿等，均可妨碍阴茎的正常伸出，引起交配困难。

此外，人工采精时，假阴道如果压力不够、温度过高或过低、采精时操作不当等，均可直接影响公畜的正常射精。

(四) 精液品质不良

精液品质不良是指精子活率、密度、畸形率达不到使母畜受胎所要求的标准。

引起精液品质不良的因素很多，包括遗传病变、气候恶劣（高温、高湿）、饲养管理不当、生殖内分泌机能失调、感染病原微生物以及采精频率、精液采集、稀释和保存过程中操作失误等。环境温度对精液品质和配种受胎率有直接影响，在高温季节，公畜的精子活力和密度降低，畸形率增高。

由于引起精液品质不良的因素十分复杂，所以在治疗时首先找出发病原因，然后针对不同原因采取相应措施。由于饲养管理不良所引起的，应及时改进饲养管理措施，如增加饲料喂量、改善饲料品质、增加运动、暂停配种等。由于疾病而继发的，应针对原发病进行治疗。属于遗传性原因的，应及时淘汰。

（五）生殖器官疾病

公畜的生殖器官疾病包括睾丸变性、睾丸发育不良、睾丸炎、附睾炎、附睾萎缩、输精管壶腹炎、精囊腺疾病、前列腺疾病、阴囊损伤、阴茎损伤、包皮损伤等。下面以睾丸炎的治疗为例。

1. 睾丸炎。由损伤及感染引起的各种急性和慢性睾丸炎症，多见于猪、牛、马和羊。

（1）症状。

急性睾丸炎：睾丸肿大、发热、疼痛；阴囊发亮；公畜站立时拱背、后肢撑开，拒绝爬跨；触诊可发现睾丸紧张、鞘膜腔内有积液、精索变粗。病情严重者体温升高、呼吸急促、精神沉郁、食欲减少。并发化脓感染者，局部和全身症状加剧。

慢性睾丸炎：睾丸不表现明显热痛症状，睾丸弹性消失、硬化、变小，产生精子的能力逐渐降低或消失。

（2）治疗。急性睾丸炎病畜应停止使用，安静休息。患病早期（24 小时内）可冷敷，后期可温敷，加快血液循环使炎症渗出物消散，然后在局部涂擦鱼石脂软膏、复方醋酸铅散，最后全身使用抗生素药物，有的可在局部精索区注射盐酸普鲁卡因青霉素溶液（如牛用 2% 盐酸普鲁卡因 20 毫升，青霉素 80 万国际单位），隔日注射 1 次。

慢性睾丸炎大多由急性睾丸炎转化而来，睾丸常呈纤维变性、萎缩、硬化，生育力降低或丧失。遇到这种情况，只能淘汰该病畜。

2. 附睾炎。本病是公羊常见的一种生殖器官疾病。该病呈进行性接触性传染，附睾出现炎症并可能导致精子变性。病变可能单侧附睾出现，也可能双侧出现。双侧附睾感染常引起公畜不育，甚至导致公畜死亡。

（1）病因。主要病因是流产布鲁氏菌和马尔他布鲁氏菌感染，流产布鲁氏菌主要感染牛而引起流产，也可感染人。其次是精液放线杆菌，此外，还有假结核棒状杆菌（羊棒状杆菌）、羊嗜组织菌和巴氏杆菌也可引起附睾感染。

（2）症状。患附睾炎的公羊一般都伴有不同程度的睾丸炎，呈现特殊的化脓性附睾及睾丸炎症状。有时单侧感染，有时双侧感染。阴囊内容物紧张、肿大、疼痛。睾丸与附睾界限不明，炎性损伤常局限于附睾，特别是附睾尾。公畜不愿交配，拒绝爬跨，叉腿行走，后肢僵硬。精子活力降低，不成熟精子和畸形精子数增加。

（3）治疗。对处于感染早期、具有优良种用价值的种公羊，每日使用金霉素 800 毫克和硫酸双氢链霉素 1 克，3 周后可能消除感染并使精液品质得到改善。治疗无效者，最终可能导致睾丸变性或萎缩。优良种畜如想继续留作种用，应将单侧附睾感染者连同睾丸摘除，还有可能保持生育力。单侧感染无种用价值者及双侧感染者不能继续留作种用。

（4）预防。由于本病治疗效果不确定，控制本病的根本措施是及时发现所有感染公畜，严格隔离或淘汰。引进种公畜应先隔离检查。交配前 6 周对所有公羊和动情后小公羊用布鲁氏菌 19 号苗同时接种，对预防布鲁氏菌引起的附睾炎可靠性达 100％。

■ 母畜繁殖障碍

影响卵巢机能障碍的因素很多，包括母畜的先天性繁殖障碍、年龄、内分泌机能、疾病、气候、光线、饲养管理、营养等。解决母畜的繁殖障碍就是提高生产效益，增加经济收入。

（一）先天性繁殖障碍

有先天性繁殖障碍的母畜都不能留作种用。

1. 异性孪生不孕。主要见于母牛生下的一公一母双胎犊，异性孪生母犊主要表现为不发情，阴门狭小，阴道短小，子宫角细小，卵巢极小。其中约有 95％无生殖能力，所以便宜也不能购买异性孪生母犊做繁殖母牛。公牛多能正常发育繁殖。

2. 先天性幼稚病。是指母畜达到配种年龄时，生殖器官发育不全而没有繁殖能力。主要症状是母畜达到配种年龄时不发情，有时虽有发情，但却屡配不孕。临床检查才发现卵巢过小、子宫角特别细小、子宫颈过细等。有的阴道和阴门特别细小，以至于无法交配。

3. **雌雄间性**。又称两性畸形，指在同一头畜体身上同时具有雌、雄两性的部分生殖器官的个体。

4. **种间杂种不育**。种间杂种的后代往往无生殖能力。如双峰驼与单峰驼杂交所生的后代，仅雌性有生殖能力。黄牛和牦牛杂交所生的后代牛，雌性有生殖能力，雄性却无生殖能力。

（二）卵巢机能障碍

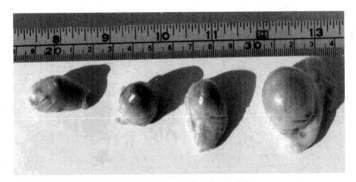

图 7-1　正常卵泡发育过程

1. **卵巢囊肿**。卵巢囊肿分为卵泡囊肿和黄体囊肿。卵泡囊肿的主要症状是无规律的频繁发情和持续发情，甚至出现慕雄狂。黄体囊肿则长期不发情，卵巢上有一个或数个有波动感的囊泡（图 7-2）。

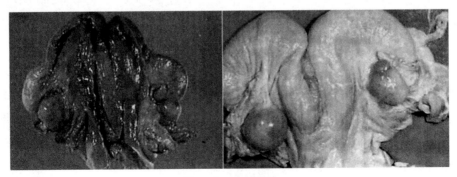

图 7-2　黄体囊肿

（1）**病因**。现多用激素治疗，效果很好，说明囊肿和内分泌失调有关。即促黄体素不足或促卵泡素分泌过多，使排卵机制和黄体的正常发育受到干扰。

（2）症状及诊断。①卵泡囊肿。发情表现反常，如发情周期变短或延长，严重时，表现强烈持久的发情行为（慕雄狂），但不接受公畜的爬跨。大家畜做直肠检查时，可发现卵巢上有一个或数个卵泡壁紧张而有波动的卵泡，牛的卵泡囊肿时直径超过 2 厘米，有的达 5~7 厘米，大于正常卵泡（1.0~1.5 厘米），经两次直肠检查，间隔 2~3 天后正常卵泡会消失。②黄体囊肿。主要的外部表现是不发情，囊肿多为壁厚而软，不那么紧张。为了与正常卵泡区别，每隔 3~5 天直肠检查一次，超过一个发情周期，检查结果相同，母畜也不发情，即可确诊。

（3）治疗。首先应改善饲养管理及合理运动。若是舍饲奶牛，则应增加运动，减少挤奶量。①促黄体素。马一次肌内注射促黄体素 200~400 单位；牛、驴 200~300 单位。一般注射后 3~6 天，囊肿即形成黄体，症状消失，15~30 天恢复正常发情周期。7 天后做直肠检查，如果未愈，第二次用时剂量稍加大一些。②孕酮。牛、马肌内注射量为 50~150 毫克，猪 15~25 毫克，羊 10~15 毫克，每日一次连用 10~14 天，一般 3 次见效（若伴有子宫疾病，应同时治疗）。

2. 持久黄体。 发情周期黄体或妊娠黄体超过正常时间而不消退称为持久黄体。形成持久黄体时，母畜长时间不发情，此病多发生于牛，主要是由于子宫疾病所致。

（1）病因。①大多由子宫复原不全、子宫炎、子宫积脓或积水、胎儿浸溶、胎衣不下等引起。②若是舍饲家畜，运动不足、饲料单一、缺乏矿物质及维生素等均易引起此病，尤其是高产奶牛易发。

（2）症状及诊断。主要症状是母畜发情周期停止，没有发情表现。大家畜做直肠检查时，可发现一侧（两侧）卵巢上有或大或小的突出物，该突出物比卵巢质地硬。如果母畜超过应该发情的时间而不发情，经再次直肠检查，再间隔 10~14 天，在卵巢上的同一部位触到同样的黄体即可确诊。

（3）治疗。治疗持久黄体应从改善饲养管理、合理运动及利用方面着手，才能收到良好效果。①前列腺素 $PGF_{2\alpha}$ 型。肌内注射或子宫内灌注时，牛为2~8毫克，马为2.5~5.0毫克，猪、羊为1~2毫克。一般一次注射或灌注即可，必要时可在10~12天后再注射或灌注一次，注射或灌注后3~5天即可发情。若配种后，有的可能受孕。②手术摘除黄体，可通过阴道和直肠检查用手摘除黄体，但效果不理想，同时易引起严重的出血，一般不建议使用此法。

3. 卵巢机能减退及萎缩。

（1）病因。母畜的子宫疾病，全身的严重疾病，饲养、管理、利用不当等都会引起此病。

（2）症状及诊断。①卵巢机能减退。发情周期延长或者长期不发情，或有发情表现，但不排卵或排卵延迟；或有排卵，但不发情。大家畜做直肠检查时，可见卵巢的形成、质地无明显变化，表面光滑、无卵泡和黄体。②卵巢萎缩。卵巢处于静止状态，时间长了，卵巢组织则萎缩和硬化。母畜不发情，体积显著变小，质地硬。牛的卵巢如豌豆大，卵巢中无黄体和卵泡，间隔1周左右再查一次即可确诊。

（3）治疗。①利用公畜催情，公畜对母畜来说是一个天然的催情剂。把公畜赶到患病的母畜圈外或混合在一起，一天2~3次，每次1小时左右。母畜能通过对公畜的视觉、听觉、嗅觉和触觉发生影响，导致发情。但平时公、母畜要分开饲养，这样效果才会更好。②激素疗法。牛一次肌内注射促卵泡素（FSH）200~300单位，马200~400单位，猪、羊50~100单位，每日或隔日注射，直至发情为止。也可用孕马血清促性腺激素（PMSG）代替昂贵的促卵泡素。牛、马一次肌内注射孕马血清促性腺激素1 000~2 000单位，猪、羊200~1 000单位。

（三）营养和管理性繁殖障碍

母畜营养性不孕，大多是由于饲养管理不当造成的。

1. 母畜过瘦。若怀孕期或哺乳期营养不足，母畜到断奶时过分消瘦，则可能异常发情，异常发情的母畜大多不排卵。防治方法主要是加强怀孕期，特别是怀孕后期和哺乳期的饲养，保持配种时有一定膘情。如母猪断奶时过分消瘦，可适当增加青饲料和精饲料的喂量，让膘情迅速恢复，促使发情。

2. 母畜过肥。 防治方法与母畜过瘦相反，如母猪主要是减少精料，增喂青饲料，加强运动，使膘情下降，促使母猪发情。母牛则改变饲料组成，多喂含维生素 A、维生素 E 的饲料，麦麸、豆饼、块根等青绿饲料和含维生素 B 的饲料（酵母）。

（四）生殖器官疾病

生殖器官疾病也会导致母畜不孕，具体疾病及防治方法见常见产科疾病及其防治。

■ 预防繁殖障碍的综合措施

预防公、母畜繁殖障碍的综合措施主要有：①加强饲养管理、营养均衡及合理运动。②及时治疗生殖器官疾病，全面定期检查繁殖母畜。③建立完整的繁殖记录，尽量避免近亲交配。④重视青年后备母畜、种公畜的饲养及预留。⑤完善管理措施，如认真做好发情鉴定、人工授精技术，定期进行妊娠监测等。⑥制定环境卫生、防疫制度，并严格执行。

2 常见产科疾病及其防治

■ 产道损伤

产道是胎儿产出的必经之道，可分为软产道和硬产道。

软产道是由子宫、子宫颈、阴道和阴门构成。在正常情况下软产道于分娩前数天开始变软，松弛，到分娩时才会扩张。

硬产道又称骨盆，主要由荐骨、前三个尾椎、耻骨、坐骨及荐坐韧带构成。

临床上常见的产道损伤有阴门及阴道损伤、子宫颈损伤、子宫破裂及穿孔；骨盆部的损伤包括骨盆韧带和神经的损伤以及骨盆骨折等。本病发生于各种家畜，产道狭窄的初产畜较常见。

（一）病因

主要由于产道狭窄、胎儿过大、胎位和胎势不正、产道干燥及正在努责时强行拉出胎儿、助产时使用产科器械操作失误而损伤产道。

（二）症状

病畜表现不安，尾根经常举起，拱背、努责、频频摆尾，常伴有阴门损伤及阴唇肿胀。必要时，做产道检查，能发现损伤的部位及损伤程度。

（三）治疗

如胎衣未排出时，应先取出胎衣，然后再使用子宫收缩药（催产素或麦角制剂）及局部止血药（安络血或止血敏）。①轻度的阴道损伤，可涂碘甘油，或先用 0.1％高锰酸钾溶液冲洗后再注入抗生素。②当阴道发生破裂时，应用消毒药液冲洗后再缝合破裂口。③对阴道黏膜肿胀并有创伤的患畜，可向阴道内注入消炎药，或在阴门两侧注射抗生素。④阴门血肿较大时，可在产后 3～4 天切开血肿，清除血凝块；形成脓肿时，应切开脓肿并引流。⑤如有大出血时，宜先结扎出血管，并及时使用止血药（可肌内注射止血敏注射液，牛、马 1.25～2.50 克，猪、羊 0.25～0.50 克；或肌内注射安络血注射液，牛、马 30～60 毫克，猪、羊 5～10 毫克；或肌内注射维生素 K_3 注射液，牛、马 100～400 毫克，猪、羊 2～10 毫克）。止血后，创面涂 2％龙胆紫、碘甘油或抗生素软膏。

■ 胎衣不下

胎衣不下又称胎衣滞留。母畜在分娩后，胎衣在一定时间内不排出称胎衣不下。各种家畜产后胎衣正常排出的时间：牛在 12 小时以内，猪在 1 小时以内，羊在 4 小时以内，马在 90 分钟以内。

此病在各种家畜均可发生，但牛多发生，特别是奶牛，其次是马和山羊。若上一胎手术剥离过胎衣的，以后发生率会升高。

（一）病因

1. 长期使用单一或品质很差的饲料原料。如玉米面、豆饼粉、麦麸等，导致日粮中矿物质、维生素缺乏或不足。

2. 产后子宫收缩无力。这与母畜怀孕后期劳役过度、运动不足、胎儿过大、胎儿过多、胎次和年龄的增高及难产时间过长等因素有关；母牛过于肥胖、瘦弱或催产素分泌不足都会导致子宫收缩无力，引起胎衣不下。

3. 胎盘炎症。怀孕期间子宫受到感染，如布鲁氏菌病、结核病、沙门氏菌、弓形虫、支原体、霉菌、毛滴虫等。由于子宫内膜或胎膜发生炎症，使母体胎盘与胎儿胎盘之间发炎，而发生粘连。因此，即使子宫收缩有力，胎衣也很难脱落。

（二）症状

胎衣不下可分全部不下和部分不下两种。

牛胎衣全部不下时，在阴门可见脱出部分胎衣或全部滞留于子宫内。病畜拱背，频频努责。滞留的胎衣24小时后发生腐败，腐败的胎衣碎片随恶露排出，有的被机体吸收后，发生全身中毒症状，个别可并发子宫内膜炎或败血症。

羊胎衣不下的症状和牛相似，山羊发生胎衣不下时，全身症状严重，病程急骤，常继发败血症而死亡。绵羊有时不发生任何症状而自愈。

猪胎衣不下较少见。

（三）治疗

目的是促进子宫收缩，使胎儿胎盘与母体胎盘分离，促进胎衣排出。牛夏季可在分娩后6～8小时处理。

1. 手术剥离胎衣。一般来说早期手术剥离较为安全可靠。对胎衣容易剥离的牛，可进行胎衣剥离；反之则不易硬剥。一般不提倡手术剥离法。

2. 药物疗法。①宫炎净 B。用 2％的宫炎净 B 100 毫升冲洗子宫。②抗生素疗法。应用广谱抗生素（四环素或金霉素 2～4 克，也可用其他抗生素）装于胶囊，以无菌操作送入子宫，隔日一次，共使用 2～3 次，以防止胎衣腐败和子宫感染，等待胎盘分离后自行排出。

3. 激素疗法。可应用促使子宫颈口开张和子宫收缩的激素。①每天肌内注射雌激素一次，连用 2～3 天，并每隔 2～4 小时注射催产素 10～50 单位，直至胎衣排出（雌激素可用己烯雌酚，牛、马 20～25 毫克，羊 1～3 毫克，猪 3～10 毫克）。②可肌内或皮下注射垂体后叶素，马和牛 100～150 单位；羊、猪 10～50 单位，2～4 小时后重复注射一次，以促进子宫收缩。③牛：子宫内灌注宫得康 48 克，肌内注射催产素 20～40 毫升，起到消炎、收缩子宫，促使胎衣排出。

4. 高渗盐水法。牛在子宫内灌入 5％～10％氯化钠溶液 1 500～3 000毫升或静脉注射 5％～10％氯化钠溶液 200～300 毫升。冲洗子宫后，给予子宫收缩剂和抗生素，防止感染。冲洗子宫时需注意压力不宜太大，防止流入输卵管。

对所有胎衣不下的母畜都要抗菌消炎。

（四）预防

胎衣不下的预防措施主要有：①饲喂含钙及维生素丰富的饲料。②加强怀孕母畜的运动。③尽可能灌服羊水，并让母畜自己添干仔畜身上的黏液。④产后饮服益母车前汤。⑤产后让仔畜尽快吮乳，促进子宫收缩，使胎衣排出。

■ 子宫脱出

子宫脱出分为半脱（子宫角前端翻入子宫腔或阴道内）和全脱（子宫全部翻出于阴门外，同时伴有阴道脱出）。

本病牛最为常见，马、羊和猪偶尔也会发生。此病发生于胎儿刚排出，子宫颈还开张时，其他时间不会发生。子宫全脱危险性较大，不及时抢救容易引起死亡。

（一）病因

产生子宫脱出的主要原因有：①怀孕母畜运动不足、营养不良、饲养不当、胎儿过大或胎水过多易引起的子宫过度伸张。②当子宫中没有胎水时，如果迅速拉出胎儿，可能在胎儿刚出产道之后立即引起子宫脱出。③胎衣不下时，胎膜与子宫的子叶结合紧密，容易因胎衣的重力而引起此病。尤其是在子宫角尖端的胎衣尚未脱落而强力拉出时，便可能直接引起子宫脱出。④难产时，母畜强烈努责，或猛烈拉出胎儿，使子宫内压突然降低，而腹压相应增高，子宫随即翻出于阴门之外。

（二）症状

患畜表现精神倦怠，食欲减退，拱背，频频努责，时欲卧地，粪干燥，口色淡白。危症患畜精神委顿，卧多立少，鼻镜干燥，不时鸣叫，食欲废绝，大便干黑且附有黏液，口色枯白。

子宫全部脱出后，子宫内膜翻转在外，黏膜早期呈粉红色，然后呈深红色再到紫红色、紫黑色不等，时间越长颜色越深，子宫脱出后，血液循环受阻，子宫黏膜发生水肿，黏膜变脆，容易损伤。脱出时间越久，黏膜会干燥、龟裂甚至坏死。

（三）治疗

子宫脱出后应及时整复，越早越好。

1. 止痛、止血，防止感染。①止痛。在荐尾或第一至二尾椎处用2%普鲁卡因10～15毫升麻醉或肌内注射盐酸氯丙嗪。注意不能过量，防止不能站立，因手术时患畜要站立保定。②止血。肌内注射安络血或其他止血药物。对于子宫上有破裂的血管应结扎。③防止感染。肌内注射青霉素400万国际单位左右，链霉素400万单位或4克左右。6～8小时后重复注射，每日3～4次。

2. 清洗子宫。用0.5%高锰酸钾溶液或0.1%雷夫奴尔溶液，将脱出的子宫洗净，去除脏物后，将脱出子宫置于大纱布上，抬高至阴门水平。如有出血，要局部止血，结扎止血。如已水肿的，乱刺压迫放水消肿。

3. 整复。应由助手 2 人用消毒过的大瓷盘或多层纱布将子宫托起与阴门同高，术者先把脱出的基部向里逐渐推送，有努责时停止推送，并用力固定住以防止再脱出。不努责时向内整复，当大部分送回之后，术者用拳头顶住子宫角尖端，趁母畜不努责时，有力向里推送，最后使子宫展开复位。然后向子宫内放入抗生素胶囊。

为防止重脱，整复后让患畜前低后高卧下，阴门做几针纽孔状缝合，为了减轻努责，可在腰荐间隙硬膜外腔麻醉。

当子宫脱出很久，已坏死或损伤严重时，可采取子宫切除术。

整复后注意护理，如消炎，保温，饮水，给予易消化饲料、汤料，加喂红糖、益母车前汤等。

（四）预防

预防子宫脱出的主要措施有：①对怀孕母畜要加强饲养管理，营养均衡，合理运动；若是使役母畜，应在产前 1～2 个月停止使役。②助产时要操作规范，牵拉胎儿动作不要过猛过快。③牵拉胎衣时，用力不要过重或不要系过重物体在胎衣上。④分娩后要注意观察母畜状态，如有不安、努责等现象，应详细检查并及时处理。

■ 产后子宫复原不全

产后子宫复原不全即产后子宫复旧不全也称子宫弛缓，是指母畜分娩一定时间后，子宫恢复至非孕时的状态所需的时间延长。产后子宫正常恢复时间为：牛在 40 天完全恢复，羊在 24 天完全恢复，猪在 28 天完全恢复。

（一）病因

凡能引起阵缩微弱的各种原因，均能导致子宫复原不全，如老龄、瘦弱、肥胖、运动不足、胎儿过大、胎水过多、多次分娩、多胎妊娠、难产时间过长等，以及催产素分泌不足。

产后胎盘、胎膜残留，恶露排出不畅导致恶露滞留在子宫腔内，子宫内膜炎等常继发本病。

（二）症状

主要表现为：①产后母畜努责、腹痛，时常排尿但量少，影响食欲，体温升高。②恶露排出的时间大为延长，产后1～2天内无恶露或很少。③阴道检查（大家畜才能用此法，如牛、马等）时，子宫颈口弛缓开张。④直肠检查（大家畜才能用此法，如牛、马等）时，子宫壁厚而软，收缩反应微弱，体积比产后同期子宫大。⑤产后第一次发情时间延迟。

（三）治疗

1. 子宫收缩剂。可肌内或皮下注射缩宫素，马和牛100～150单位；羊、猪10～50单位，2～4小时后重复注射一次，以促进子宫收缩。也可用己烯雌酚，牛、马20～25毫克，羊1～3毫克，猪3～10毫克。

2. 产后灌服益母草煎剂。2份益母草加1份红糖煎成，或益母车前汤，每日1剂，连用1～3剂。

3. 促使牛的子叶脱水，胎儿胎盘与母体胎盘分离。在子宫内灌入5％～10％氯化钠溶液1 500～3 000毫升或静脉注射5％～10％氯化钠溶液200～300毫升。

4. 防止感染。在子宫内投入抗菌消炎药，如用2％的宫炎净B100毫升冲洗子宫。

（四）预防

预防产后子宫复原不全的主要措施有：①在母畜妊娠期间，要加强饲养管理，合理运动。②临产后，必须正确处理胎衣的娩出，应认真仔细检查娩出的胎衣是否完整。若检查胎衣后确认仅有少许碎片残留，产后可及时应用子宫收缩剂及抗生素，等待其自然排出及预防感染。③对于分娩时间过长（难产时间太久）的家畜，应用子宫收缩剂，增强子宫的恢复。

▪ 产后子宫内膜炎

产后子宫内膜炎是子宫黏膜发生浆液性、黏脓性或化脓性炎症。可分急性型和慢性型，产后子宫内膜炎常指急性型子宫内膜炎，由子宫感染引起，常发生于分娩后的数天之内，是母畜不孕的主要原因之一，也是最难治的疾病之一。

母畜分娩及产后生殖道发生剧烈变化，软产道直接与外界相通，分娩、助产时容易发生损伤，或产后胎衣滞留、不下，子宫脱出，胎儿腐败，难产等均易造成腐败，更容易感染。产后感染包括产后阴道炎、子宫内膜炎、产后败血症及脓毒血病等，各种家畜均可发生。

（一）病因

母畜分娩过程中或产后期由于病原微生物的侵入而感染。子宫黏膜的损伤及母畜抵抗力降低，是促使本病发生的重要原因。①母畜在被粪、尿污染的地方分娩，临床母牛外阴、尾根部污染粪便而未彻底清洗消毒。②助产或剥离胎衣时，术者的手臂、器械消毒不严格。③胎衣不下、子宫脱出、流产、难产、恶露滞留等，均可引起产后子宫内膜炎。④产后恶露不净、胎衣滞留、胎衣不下、死胎、子宫弛缓、子宫脱出、产道损伤等感染而引起。⑤结核病、布鲁氏菌病、胎儿弧菌病、副伤寒等疾病转移而引起。

一般情况下，慢性子宫内膜炎常由急性子宫炎症不治或失治转化而来。

（二）症状

1. 急性子宫内膜炎。患畜食欲减退，体温升高，拱背，频频排尿，不时努责，从阴门排出灰白色的、含有絮状物的分泌物或脓性分泌物，卧下时排出量更多。

大家畜做阴道检查时，子宫颈外口肿胀、充血，有时可以看见分泌物从子宫颈流出，严重时出现全身症状。

2. 慢性子宫内膜炎。患畜发情周期大多异常，多延长，或无发情周期，有时虽有发情，但屡配不孕。

患畜卧下或发情时，从阴道中流出较多的混浊或透明含有絮状物的黏液。大家畜做阴道检查时，可见子宫颈口稍张开，阴道和子宫颈阴道部黏膜充血或肿胀，阴道底有时积有絮状物的黏液。

大家畜做直肠检查时，可感到子宫角变粗，子宫壁增厚，且厚薄不匀，软硬度不一致，弹性减弱，收缩反应微弱。如子宫内积有分泌物时，触诊有轻微的波动感。

有的患畜有轻度全身反应，精神不振，食欲减少，逐渐消瘦，有时体温略微升高，从阴门排出灰白色或黄褐色稀薄脓液。

慢性化脓性子宫内膜炎：患此病的家畜往往表现全身症状，逐渐消瘦，阴唇肿胀，从阴门中流出黄白色或黄色的黏液性或脓性分泌物，并带有恶臭，患畜卧下或发情时排出较多，阴门周围皮肤及尾根上常黏附有脓性分泌物，干后变为薄痂。

（三）治疗

首要消除或抑制子宫感染，防止扩散，促进子宫内炎性渗出物的排出，增强子宫免疫机能，加快子宫的自净作用。

1. 急性子宫内膜炎的治疗方法。①冲洗子宫。通过直肠把握法将导尿管插入子宫内，用 40～42℃ 的生理盐水反复冲洗子宫，直到回流液体变清亮为止。但要注意冲洗子宫时，必须无菌操作，不能把外部细菌带入宫腔，动作要轻柔，切忌粗暴；冲洗子宫时，一次注入量不要过大，一般以不超 500 毫升为宜，注入后按摩子宫，促使冲洗液排出，如不能排出冲洗液应立即停止冲洗。注意子宫冲洗液应保持 40～42℃，温热的溶液能增加子宫的血液循环，改善子宫代谢，防止温度过低造成子宫强烈收缩；防止冲洗液进入腹腔，引起患畜腹膜炎。②灌注药物。冲洗子宫后，用青霉素 80 万～320 万国际单位、链霉素 100 万单位，用生理盐水稀释后注入子宫。隔日 1 次，连用 2～3 次。③全身疗法。对体温升高、全身症状严重的病畜，应大量应用抗生素，并配合强心、补液，纠正酸碱平衡，防止酸中毒和脓毒败血症，直到全身症状好转。具体方法是：0.9％生理盐水 1 000 毫升、头孢噻呋钠 5 克、5％葡萄糖溶液 500 毫升、10％葡萄糖酸钙 500 毫升，静脉滴注。1 天 1 次，直到体温、食欲正常为止。

2. 慢性子宫内膜炎的治疗方法。主要采用冲洗子宫的方法治疗。通过直肠把握法将导尿管插入子宫内，可用 40～42℃的 3％～5％氯化钠溶液 500～1 000 毫升，分数次注入，反复冲洗，直至排出的液体变透明为止。或用 3％过氧化氢溶液 250～500 毫升冲洗子宫，经 1.0～1.5 小时后，再用同温的 1％的氯化钠溶液冲洗，然后向子宫内注入抗生素药物。

对慢性化脓性子宫内膜炎，一般建议用 0.5％高锰酸钾溶液、0.2％新洁尔灭溶液、0.1％雷夫奴尔溶液冲洗子宫，直至排出的液体变透明为止。然后注入青霉素 80 万～320 万国际单位。隔日 1 次，连用 2～3 次。

总之，在局部治疗的同时，注意全身治疗及对症治疗。可用抗生素及磺胺类药物疗法，起到强心、利尿、解毒等功效。为了促进黏膜功能尽快恢复，在抗菌药物中适当加入甘油、葡萄糖，能促进黏膜尽快恢复。

（四）预防

预防产后子宫内膜炎的主要措施有：①对怀孕母畜要加强饲养管理，给予合理运动，增强抗病力。②助产时要操作规范。助产或剥离胎衣时，术者的手臂、助产器械也应严格消毒，防止产后感染。③胎衣不下时要及时处理，在实施人工授精、分娩、助产及产道检查时，要严格消毒。④分娩前后圈舍要保持清洁、干燥等，临产母畜外阴、尾根部应用0.1%高锰酸钾溶液彻底清洗消毒，预防此病的发生。

■ 产后败血症

产后败血症是一种由于子宫的局部炎症感染扩散而引发的严重全身性疾病。各种家畜均可发生。

（一）病因

发生产后败血症的主要原因有：①由难产、胎衣不下、胎儿腐败、助产不当等引起子宫内膜损伤或子宫遗留有胎盘碎片时，易感染化脓性或腐败性细菌，而引起化脓性子宫内膜炎，往往会继发败血症，易死亡。②因子宫炎、子宫颈炎、阴道炎及子宫内膜炎所继发。③因生殖道淋巴管扩张，细菌侵入所继发。④子宫脱出、子宫复原不全以及化脓性坏死性乳房炎，产后机体抵抗力下降也可促使本病的发生。

不管任何原因，致病菌主要是溶血性链球菌、金黄色葡萄球菌、化脓棒状杆菌和大肠杆菌所致，进入血液，产生毒素，而且多为混合感染。

（二）症状

主要表现为：①患此病的家畜，除产道、子宫的局部炎症外，主要表现严重的全身反应。②体温突然升高至40～41℃，有的甚至达42.5℃。③精神委顿、食欲废绝，但喜饮水。呼吸急促、心跳快而弱（每分钟100次以上）。体表出现轻度发抖、大便干而少。牛、羊反刍停止，泌乳骤减或停止。④如产道有化脓性腐败性病变，往往从阴道中流出少量污红色或褐色恶臭脓汁并含有组织碎片，可以查到感染病灶。⑤如大家畜做直肠检查时，可见子宫复原不全，弛缓、壁厚。

（三）治疗

1. 除病灶。彻底处理生殖器官的损伤和炎症病灶。但绝对禁止冲洗子宫，以免炎症扩散，使病情恶化。

2. 肌内或皮下注射缩宫素。马和牛 100～150 单位；羊、猪 10～50 单位，2～4 小时后重复注射一次，以促进子宫收缩。或每日注射雌激素，可用己烯雌酚，牛、马 20～25 毫克，羊 1～3 毫克，猪 3～10 毫克，使炎症物质排出。

3. 全身治疗。用 5％葡萄糖溶液、10％氯化钾、氢化可的松、维生素 C、5％碳酸氢钠、20％安纳咖，各种家畜用法、用量按药物说明配制使用。

4. 退热。可用安基比林或安乃近。

此外，可同时配合青霉素、链霉素治疗。注意不可用高糖和钙剂。

■ 产后瘫痪

产后瘫痪又称生产瘫痪或低钙血症，中兽医称"胎风"，是以母畜产后突然知觉丧失、四肢瘫痪、体温下降及低血钙为特征的严重钙代谢障碍性疾病。该病发生有一定的时间性，大多数发生于顺产后 3 天之内，尤其在产后 1 天内发病率高。产后 15 天后发生卧地不起不是产后瘫痪。

此病常见于奶用动物，如奶牛、奶山羊，猪、马则少见，高产奶牛最为常见，而且出现于泌乳高峰时期，故大多数发生于 3～6 胎（5～9 岁），初产母牛几乎不发生此病。

（一）病因

血钙、血磷、血糖浓度的显著下降，主要原因是由于高产奶牛分娩后，大量的血液物质作为原料合成初乳，其中钙、磷、糖是合成牛奶的主要物质，从而导致血钙、血磷、血糖浓度的下降。或由于妊娠时腹腔内器官因受压迫缺血，分娩后因腹压下降，脑部血液涌向腹腔而使脑部贫血缺氧所致。

（二）症状

本病在临床上可分为典型与非典型两种。

1. **典型症状。**典型的生产瘫痪常在分娩后 12～72 小时内突然发生。病初奶牛表现精神沉郁，食欲减退或废绝，反刍及排粪、排尿停止，泌乳量减少；随后出现惊慌不安、站立不稳、后躯摇晃、肌肉震颤、目光凝视等症状。

随着病情发展，病牛瘫痪卧地，四肢屈于胸腹之下，头颈失去平衡弯向胸侧，即使将头拉直，松开后仍恢复原状，不久出现意识抑制和知觉丧失等症状。后期病牛昏睡，瞳孔放大，结膜反射消失，眼球干燥；吞咽神经麻痹，张口垂舌；体表及四肢发凉，呼吸深而缓慢，心音减弱速度增快，体温下降至 35～36℃；有的病牛还会发生喉头和舌麻痹，舌伸出口外不能自行缩回以及吞咽障碍、肛门松弛等现象。病牛死前大多处于昏迷状态，少数病例死前会出现痉挛性挣扎。

2. **非典型症状。**临床上呈现非典型性生产瘫痪的病例较多，多在分娩前及分娩后很久才发生，瘫痪症状不明显。主要特征是奶牛的头颈姿势不自然，伏卧时头颈部呈 S 状弯曲；病牛体温正常或稍低，食欲废绝，精神极度沉郁，但不嗜睡，各种反射减弱；病牛有时能勉强站立，但站立不稳，且行动困难，步态摇摆。

（三）治疗

此病病程发展快，如不及时治疗，可在 12～48 小时内死亡；如果及时治疗，90％以上病例可以治愈。治疗越早，痊愈越快。

1. **静脉补钙、补磷。**对于高产、老龄奶牛及有瘫痪病史的牛，在产前 7 天或分娩后静脉注射钙剂、磷剂，对本病的预防和治疗都有良好作用，此方法已在生产中被普遍采用。用量：25％葡萄糖 500 毫升、10％的葡萄糖酸钙 1 000 毫升、15％磷酸钠溶液 200 毫升、25％硫酸镁溶液 100 毫升、5％糖盐水 1 000 毫升、安钠咖 2 克、维生素 C 4 支、安乃近 5 支，混合一次性静脉注射。

> **⚠ 温馨提示**
>
> 　　注意：对产后瘫痪而又体温升高的病例，不能急于用钙。此时，应先静脉注射葡萄糖生理盐水、抗生素，待体温恢复正常后，再补钙。
>
> 　　用钙剂和其他方法治疗产后瘫痪效果不明显或无效时，用地塞米松 20 毫克、氢化可的松 25 毫克、5% 糖盐水 1 500 毫升、5% 碳酸氢钠 500 毫升，混合静脉注射，每天 2 次，用药 1～2 天。

　　2. 乳房送风疗法。 乳房送风疗法对于使用钙剂反应不佳或复发的病例效果好。即向乳房内注入清洁空气。此法至今仍然是治疗牛产后瘫痪最有效和最简单的疗法。

　　（1）打入空气的程度。4 个乳区应打满空气，打入空气的数量以皮肤紧张、乳腺基部边缘清楚且变厚、轻敲乳房呈鼓响音作为衡量标准。要注意：打入空气不够，则无效果；打入空气过量，可使腺泡破裂，甚至皮下气肿。打气之后，用宽纱布条轻轻扎住，待病畜起立之后 1 小时，可将纱布条拿掉。系纱布条时，要轻，不能过紧，否则血脉不通。

　　（2）打气方法。使用前应将送风器的金属筒消毒并在其中放置干燥消毒棉花，以便过滤空气，防止感染。打入空气前，使奶牛侧卧，挤净乳房中的积奶并消毒乳头，然后将乳导管（尖端涂少许润滑剂）插入乳头管内，注入青霉素 10 万国际单位、链霉素 0.25 克，用生理盐水 20～40 毫升稀释。

　　3. 加强护理，积极防止并发症。 在治疗过程中，对病牛要加强护理。如多铺垫草，勤按摩体表，经常改变体位，天冷时要注意保暖。病牛侧卧时间过长，要设法使其转为伏卧或将牛翻转，防止发生褥疮。病牛初次起立时，仍有困难或站立不稳，可用柱栏加以扶持，避免跌倒引起骨骼及乳腺损伤。

治疗产后瘫痪严禁灌服药物，防止继发异物性肺炎；如果瘤胃严重臌气，必要时放气。

（四）预防

预防产后瘫痪的主要措施有：①在产前 2 周给奶牛饲喂低钙高磷饲料，增加谷物精料的数量，减少饼类和豆类等蛋白料。②产前 4 周至产后 1 周，每天添喂氯化镁 30 克；产前 8～10 天肌内注射维生素 D 制剂，产后立即注射葡萄糖酸钙。③减少挤奶量，够饲喂犊牛为限。

参考文献

甘肃省畜牧学校.1995.家畜外科及产科学.第二版.北京：中国农业出版社.

甘肃农业大学.1990.家畜产科学.北京：农业出版社.

刘占民，李铁栓，徐丰勋.2002.奶牛饲养管理与疾病防治.北京：中国农业科学技术出版社.

张景海.2010.一例奶牛急性子宫内膜炎的治疗体会.草食动物（10）.

单元自测

（一）名词解释题

1. 隐睾。

2. 产道。

3. 胎衣不下。

4. 子宫脱出。

5. 产后子宫复原不全。

（二）填空题

1. 公畜的生殖器官疾病包括_____、_____、_____、_____、_____、_____、_____、_____、_____、_____、_____等。

2. 睾丸炎可分为_____和_____两种。

3. 卵巢囊肿可分为_____和_____两种。

4. 产道可分为_____和_____。

5. 子宫脱出可分为_____和_____。

6. 牛产后子宫正常恢复时间为_____天。

（三）简答题

1. 简述卵巢囊肿的治疗方法。

2. 简述卵巢机能减退及萎缩的治疗方法。

3. 简述持久黄体的治疗方法。

4. 胎衣不下的发病原因有哪些？

5. 胎衣不下的症状有哪些？其治疗方法有哪些？

技能训练指导

一、子宫复原不全的治疗

（一）目的和要求

通过技能训练，观察母牛使用氯前列醇钠注射液（PG）治疗子宫复原不全后的治愈情况。

（二）材料和工具

产后由胎衣不下、恶露不尽、子宫积脓积液等引起子宫复原不全的母牛。氯前列醇钠注射液（PG）、75％酒精、注射器、镊子等。

（三）实训方法

1. 第一次注射。肌内注射氯前列醇钠 0.4～0.6 毫克，宫注剂量减半。

2. 第二次注射。若第一次治疗不理想，可于 10～14 天后进行第二次注射，配合使用头孢噻呋钠（畜得福），能抑制和杀死病原菌，效果更佳。头孢噻呋钠的使用按每千克体重 15～25 毫克肌内注射，每天一次，连用 3 天。

（四）实训报告

描述实验牛子宫复原不全的治愈情况。

二、母牛卵泡囊肿的治疗

（一）目的和要求

通过技能训练，观察母牛使用注射用人绒毛膜促性腺激素

（HCG）治疗卵泡囊肿后的治愈情况。

（二）材料和工具

产后由于卵泡囊肿导致发情表现不正常的母牛。注射用人绒毛膜促性腺激素（HCG）、75％酒精、注射器、镊子等。

（三）实训方法

1. 第一次注射。肌内注射 1 万～2 万单位注射用人绒毛膜促性腺激素（HCG）。

2. 第二次注射。一次无效者重复给药一次，用量 1 万～2 万单位注射用人绒毛膜促性腺激素（HCG）。治愈后应注意复发。为预防复发，宜在有发情表现后肌内注射 HCG 2 000 单位。

（四）实训报告

描述实验牛卵泡囊肿的治愈情况。

学习
笔记

1 评定畜禽繁殖力的指标

畜禽繁殖力是指畜禽在正常生殖机能条件下，生育繁衍后代的能力。这种能力除受生态环境、营养、繁殖方法及技术水平等条件的影响外，畜禽本身的生理状况也起着重要作用。对于种畜禽来说，繁殖力就是生产力，它能直接影响生产水平的高低和发展。

种公畜的繁殖力主要表现在精液的数量、质量、性欲、交配能力及利用年限。

母畜的繁殖力主要包括性成熟的迟早、繁殖周期的长短、发情表现是否明显、排卵数的多少、卵子受精能力的大小；妊娠维持的正常与否、产后哺乳性能的高低以及护仔性的强弱等。

科学饲养管理、正确的发情鉴定、适时配种及人工授精、发情控制、胚胎移植等繁殖控制技术的应用是保证和提高动物繁殖力的重要技术措施。

◢ 主要指标及计算方法

（一）哺乳母畜繁殖力指标

哺乳母畜的繁殖力常用繁殖率来表示。母畜从适配年龄开始一直到繁殖能力明显下降之前，称为适繁母畜。

在一定的时间范围内，如繁殖季节或自然年度内，母畜要经历发情、配种、妊娠、分娩、哺乳直至仔畜断奶，即完成了母畜繁殖的全过程。

1. 畜群繁殖率。指本年度内出生的仔畜数占上年度终存栏适繁母畜数的百分比，用下列公式表示：

$$畜群繁殖率 = \frac{本年度出生仔畜数}{上年度存栏适繁母畜数} \times 100\%$$

根据母畜繁殖过程的各个环节，繁殖率为一综合指标，应包括受配率、受胎率、母畜分娩率、产仔率及仔畜成活率等 5 个内容。

2. 受配率。指在本年度内参加配种的母畜占畜群内适繁母畜的百分率。不包括应妊娠、哺乳及各种卵巢疾病等原因造成空怀的母畜。主要反映畜群内适繁母畜的发情与配种情况。

$$受配率 = \frac{配种母畜数}{适繁母畜数} \times 100\%$$

3. 受胎率。指在本年度内配种后妊娠母畜数占参加配种母畜数的百分率。在受胎率统计中又分为总受胎率、情期受胎率、第一情期受胎率和不返情率。

（1）总受胎率。指本年度末受胎母畜数占本年度内参加配种母畜数的百分率。不包括配种未孕的空怀母畜。反映畜群中母畜受胎头数的比例。

$$受配率 = \frac{受胎母畜数}{配种母畜数} \times 100\%$$

（2）情期受胎率。指在一定期限内，受胎母畜数占本期内参加配种母畜的总发情周期数的百分率。是以情期为单位统计的受胎率。反映母畜发情周期的配种质量。

$$情期受胎率 = \frac{受胎母畜数}{配种情期数} \times 100\%$$

（3）第一情期受胎率。指第一情期配种后，此期间妊娠母畜数占配种母畜数的百分率。

$$第一情期受胎率 = \frac{第一情期配种妊娠母畜数}{第一情期配种母畜数} \times 100\%$$

（4）不返情率。指在一定期限内，配种后再未出现发情的母畜数占本期内参加配种母畜数的百分率。不返情率又可分为 30 天、60 天、90 天和 120 天不返情率。30～60 天不返情率，一般大于实际受胎率 7% 左右。随配种时间延长，不返情率就越接近于实际受胎率。

$$X 天不返情率 = \frac{配种后 X 天未返情母畜数}{配种母畜数} \times 100\%$$

4. 分娩率。指本年度内分娩母畜数占妊娠母畜数的百分率，不包括流产母畜数。反映母畜维持妊娠的质量。

$$分娩率 = \frac{分娩母畜数}{妊娠母畜数} \times 100\%$$

5. 产仔率。指分娩母畜的产仔数占分娩母畜数的百分率。

$$产仔率 = \frac{产出仔畜数}{分娩母畜数} \times 100\%$$

单胎动物（如牛、马、驴、绵羊）因一头母体一般只产出一头仔畜，产仔率一般不会超过 100%。因此将单胎动物的分娩率和产仔率看作同一概念而不使用产仔率。多胎动物（如猪、山羊、犬、兔等）一胎可产出多头仔畜，产仔率均会超过 100%。这样，多胎动物母体所产出的仔畜数不能反映分娩母畜数，所以对于多胎动物应同时使用母畜分娩率和母畜产仔率。

6. 仔畜成活率。指在本年度内，断奶成活仔畜数占本年度产出仔畜数的百分率。不包括断奶前的死亡仔畜数，因此反映仔畜的培育成绩。

$$仔畜成活率 = \frac{成活仔畜数}{产出仔畜数} \times 100\%$$

（二）家禽繁殖力指标

反映家禽繁殖力的指标有产蛋量、受精率、孵化率、育雏率等。

1. 产蛋量。指家禽在一年内平均产蛋枚数。

$$全年平均产蛋量（枚） = \frac{全年总产蛋量}{总饲养日} \times 365$$

2. 受精率。种蛋孵化后，经第一次照蛋确定的受精蛋数占入孵蛋数的百分率。

$$受精率 = \frac{受精蛋数}{入孵蛋数} \times 100\%$$

3. 孵化率。孵化率可分为受精蛋的孵化率、入孵蛋的孵化率两种。指出雏数占受精蛋数或入孵蛋数的百分率。

$$受精蛋孵化率 = \frac{出雏数}{受精蛋数} \times 100\%$$

$$入孵蛋孵化率 = \frac{出雏数}{入孵蛋数} \times 100\%$$

4. 育雏数。育雏期末成活雏禽数占入舍雏禽数的百分率。

$$育雏率 = \frac{育雏期末雏禽数}{入舍雏禽数} \times 100\%$$

◼ 畜禽的正常繁殖力

畜禽的正常繁殖力是指在正常的饲养管理条件下,生理机能正常的家畜所能达到的繁殖水平。

(一) 牛的繁殖力

据有关资料显示,国外奶牛繁殖管理目标是:母牛受配率为95%,情期受胎率为60%,总受胎率为95%,产犊间隔365天,产后第一次配种75～65天,产后最迟受胎天数为85天,繁殖率为80%～85%。育成牛开始配种月龄为14～16月龄,产犊月龄为23～25月龄。

我国奶牛的繁殖水平,一般成年母牛的情期受胎率为40%～60%,年总受胎率为75%～95%,分娩率为93%～97%,繁殖率为70%～90%。母牛年产犊间隔为13～14个月,双胎率为3%～4%,母牛繁殖年限在7个泌乳期左右。其他牛的繁殖率均低。黄牛的受配率一般在60%左右,受胎率为70%左右,母牛分娩及犊牛成活率均在90%左右,因此繁殖率在35%～45%。牦牛对温度、海拔高度的变化非常敏感,海拔低于4 000～6 000米便丧失繁殖能力。母牦牛的受配率为40%～50%,受胎率为60%～80%,产犊率及犊牛成活率为90%左右。因此,牦牛的繁殖率仅为30%左右。水牛的繁殖率大致接近于黄牛的繁殖率。

（二）猪的繁殖力

猪的繁殖率很高，中国猪种一般产仔 10～12 头，太湖猪平均产仔 14～17 头，个别可产 25 头以上，年平均产仔窝数 1.8～2.2 窝。母猪正常情期受胎率为 75%～80%，总受胎率 85%～95%。繁殖年限 8～10 岁。

（三）羊的繁殖力

绵羊的正常繁殖率因品种和饲养管理条件而异。在气候和饲养条件不良的高纬度和高原地区繁殖率较低。绵羊一般产单羔羊，但在饲养条件较好的地区，绵羊多产双胎、多胎或者更多。其中湖羊的繁殖率最强，其次为小尾寒羊，除初产母羊产单羔较多外，平均每胎产羔 2 只以上，最多可达 7～8 只，2 年可产 3 胎或年产 2 胎。山羊繁殖率比绵羊高，多为双羔和 3 羔。羊的受胎率均在 90% 以上，情期受胎率为 70%，繁殖年限为 8～10 岁。

（四）马、驴的繁殖力

马的情期受胎率一般 50%～60%，全年受胎率在 80% 左右。驴平均情期受胎率为 40%～50%。马和驴的繁殖率为 60% 左右。马繁殖年限为 15 岁，驴为 16～18 岁。

（五）兔的繁殖力

兔性成熟早，妊娠期短，受胎率春季为最高，夏季低。一年可繁殖 3～5 胎，每胎产仔 6～8 只，高的可达 14～16 只，断奶后成活率为 60%～80%。

（六）家禽的繁殖力

家禽因种和品种不同，其产蛋量差异很大。蛋用鸡的产蛋量高，一般为 250～300 枚，肉用鸡的产蛋量为 150～180 枚，而蛋肉兼用鸡的产蛋量居中。蛋用鸭的产蛋量为 200～250 枚，肉用鸭的产蛋量为

100～150 枚。鹅的产蛋量为 30～90 枚。蛋的受精率在正常情况下应该达到 90％以上，受精蛋的孵化率应在 80％以上，入孵蛋的孵化率应在 65％以上。育雏率一般达 80％～90％。

2 提高畜禽繁殖力的方法

■ 影响畜禽繁殖力的主要因素

影响家畜繁殖力的因素很多，除繁殖方法和技术水平外，畜禽本身的生理条件起着决定性作用。

（一）遗传的影响

遗传性对繁殖力的影响，因不同种、品种及个体之间的差异十分明显，母畜排卵数的多少首先取决于种和品种的遗传性。例如，牛和马在一个发情周期中一般只排一个卵，排两个以上卵者少见，而猪一般排卵较多，且品种不同，差异较大。中国多数猪种的产仔性能明显地高于国外品种。公畜精液的质量和受精能力与其遗传性也有着密切关系，而精液的品质和受精能力往往是影响受精卵数目的决定因素。

（二）环境的影响

环境条件可以改变许多家畜的繁殖过程。日照长短的改变与季节性发情动物的开始发情有关。日照长短和温度是母马、母羊发情的主要环境因素。

（三）营养的影响

营养条件是家畜繁殖力的物质基础，因而营养是影响家畜繁殖力的重要因素。营养不足会延迟青年母畜初情期的到来，对于成年母畜会造成发情抑制、排卵率降低，甚至会增加早期胚胎死亡、死胎和初生仔畜的死亡率。营养过剩时，则有碍于母畜排卵、受精及公畜的性欲和交配能力。

（四）年龄的影响

一般家畜自初配适龄起，随分娩次数或年龄的增加而繁殖力不断提高，以健壮期最高，此后日趋下降。

（五）泌乳的影响

母畜产后发情的出现与否和出现的早晚，与泌乳期间的卵巢机能、新生仔畜的哺乳、乳用家畜的产乳量及挤奶次数都有直接关系。例如，挤奶牛在产后 30~70 天即可发情，而哺乳母牛出现发情的时间往往长达 90~100 天。母猪在产后泌乳期间有时会出现发情，但征兆往往不明显，也不发生排卵；当哺乳 5~7 周断奶，7 天后即出现发情。除母马外，哺乳会延迟产后发情。

（六）配种时间的影响

在每种家畜的发情期内，都有一个配种效果最佳阶段，这种现象对排卵时间较晚的母畜（如母牛）特别明显。马和猪的发情持续期较长，因此适宜的配种时间对卵的正常受精更为重要。

■ 提高畜禽繁殖力的措施

（一）加强种畜禽的培育及选种选配

选择好种畜是提高家畜繁殖率的前提。每年要做好畜群整顿，对老、弱、病、残和经过检查确认失去繁殖能力的母畜，应及时清理淘汰，或转为肉用、役用；对与配公母畜应进行配合力测定，以确定最佳的配合。

（二）提高适繁畜禽的比例

母畜是畜群繁殖的基础，母畜在畜群中占的比例越大，畜群增殖的速度就越快。一般情况下适繁母畜应占畜群的 50%~70%。

（三）科学饲养管理

加强科学的饲养管理，是保证种畜正常繁殖机能的物质基础。营养缺乏会使母畜瘦弱，内分泌活动受到影响，性腺机能减退，生殖机能紊乱，常出现不发情、安静发情、发情不排卵、多胎动物排卵少、产仔数减少。种公畜表现精液品质差、性欲下降等。相反缺乏运动、营养过度，易造成体内脂肪堆积，失去种用价值。因此，要保持良好的膘情和性欲。

（四）做好发情鉴定和适时配种

母畜在发情期，生殖器官会发生一系列生理功能性的变化，其行为和外生殖器也出现特殊表现。因此，只有掌握了发情期的内、外部变化和表现，及时鉴别出正处于发情期的母畜，并适时配种，谨防误配和漏配，才能提高受配率。特别是对于发情期比较长，或发情表现不十分明显的动物，更需要做好发情鉴定。另外，通过发情鉴定还可以判断发情是否正常，以便发现问题并及时予以纠正。

（五）规范而有效利用繁殖新技术

人工授精技术的推广，特别是冷冻精液的应用大大提高了种公畜的繁殖效率，提高了畜群的生产水平。在施行过程中，一定要遵守操作规程，从发情鉴定、清洗消毒器械、采精、精液处理、冷冻、保存及输精这一整套程序化操作中，务必细致、规范、严密。

为了提高畜禽的繁殖力，要逐步应用适宜、成熟的繁殖新技术，如同期发情、胚胎移植等。在治疗患繁殖障碍的母畜时要科学、准确地使用生殖激素。

（六）进行早期妊娠诊断，防止失配空怀

采用早期妊娠诊断技术，能够尽早确定动物是否妊娠，做到区别对待。对已确定妊娠的母畜，应加强保胎，使胎儿正常发育，可防止孕后发情造成误配；对未孕的母畜，应认真及时找出原因，采取相应

措施，不失时机地补配，减少空怀时间。

（七）减少胚胎死亡和流产

尚未形成胎儿的早期胚胎，在母体子宫内一旦停止发育而死亡，一般为子宫所吸收，有的则随着发情或排尿而被排出体外。因胚胎的消失和排出不易为人们所发现，因此称为隐性流产。早期胚胎死亡在任何畜群，甚至健康的母畜群中也都有程度不同地存在着。牛、羊、猪的早期胚胎死亡率是相当高的，一般可达 20%～40%，马的胚胎死亡率一般为 10%～20%。多胎动物卵子的受精率可接近 100%，但附植及妊娠的胚胎数则大大低于这个数值，而且差异很大。特别是妊娠早期，胚胎与子宫的结合比较疏松，当受到不利因素的影响时，极易引起早期胚胎死亡而消失。妊娠第二十六至四十天母猪，胚胎死亡可达 20%～35%。

造成胚胎死亡的原因是复杂的、多方面的，应全面细致分析，找出其主要原因，以便有针对性的采取措施加以预防。

（八）防治不育症

种畜的生殖机能异常或受到破坏而导致失去繁衍后代的能力统称为不育。对母畜直接称为不孕。造成不育的原因大体可以分为：①先天性不育；②衰老性不育；③疾病性不育；④营养性不育；⑤利用性不育；⑥人为性不育。

先天性和衰老性不育，由于难以克服，应及早淘汰。对于营养性和利用性不育，应通过改善饲养管理和合理的利用加以克服。对于传染性疾病引起的不育，应加强防疫及时隔离和淘汰。对于一般性疾病引起的不育，应采取积极的治疗措施，以便尽快地恢复种畜繁殖能力。

参考文献

耿明杰.2006.繁殖与改良.北京：中国农业出版社.

张周.2001.家畜繁殖.北京：中国农业出版社.

张忠诚.2009.家畜繁殖学.第四版.北京：中国农业出版社.

单元自测

（一）名词解释题

1. 家畜繁殖力。

2. 畜群繁殖率。

（二）计算题

某种猪场，饲养有 2 头种公猪，100 头可繁母猪。在 1、2、3 月份分别有 80、50、17 头母猪发情，设受配率 100%，第一情期配种妊娠的母猪有 45 头，第二情期配种妊娠的母猪有 25 头，第三情期配种妊娠的母猪有 15 头，本年度共生仔猪 250 窝，生仔猪 2 850 头，其中死胎 100 头，死产 20 头，断奶时共有 2 700 头活仔猪，请列公式计算第二情期受胎率、繁殖率、成活率、平均窝产活仔猪数。

（三）填空题

1. 中国猪种一般产仔_____头，太湖猪平均产仔_____头，个别可产 25 头以上，年平均产仔窝数_____窝。

2. 蛋用鸡的产蛋量一般为_____枚，肉用鸡的产蛋量为_____枚；蛋用鸭的产蛋量为_____枚，肉用鸭的产蛋量为_____枚。鹅的产蛋量为_____枚。

3. 影响家畜繁殖力的主要因素有_____、_____、_____、_____、_____、_____。

4. 造成不育的原因大体可以分为_____、_____、_____、_____、_____、_____。

（四）简答题

提高母畜繁殖力有哪些措施？

学习笔记

1 胚胎移植技术

胚胎移植是将一头优良母畜配种后的早期胚胎取出，移植到另一头同种的生理状态相同的母畜体内，使其继续发育成为新个体，也称借腹怀胎。提供胚胎的个体称为供体，接受胚胎的个体称为受体。供体决定其遗传特性，受体只影响其体质发育。

胚胎移植的意义

如果说人工授精技术是提高优良公畜配种效率的有效方法，那么胚胎移植则是为提高优良母畜的繁殖力提供了新的技术途径。

（一）充分发挥优良母畜的繁殖潜力

一是使优良供体省去很长的怀孕期、缩短繁殖周期。二是实行超数排卵，一次可获得更多的优良胚胎，与提高优良公畜的配种效能的人工授精技术相对应，如一次可获得 9 头以上的犊牛、10 头以上的羔羊。

（二）缩短世代间隔，及早进行后裔测定

短期内重复进行超排处理，大大提高了后代总数，可尽早了解母畜遗传力。

（三）提高生产效率

诱发母畜怀两胎，即向已配种的母畜（排卵的对侧子宫角）移植一个胚胎，或者向未配种的母畜移植两个胚胎。

（四）代替种畜的引进

胚胎的冷冻保存可以使胚胎移植跨地域和时空，大大节约购买和运输活畜的费用。此外可以从养母得到免疫能力，更容易适应本地区的生态环境。

（五）保存品种资源

胚胎的冷冻保存，可以避免因遭受意外灾害而灭绝。且费用远远低于活畜保存，并且它与冷冻精液可共同构成动物优良性状的基因库。

（六）有利于防治疫病

在养猪业中，向封闭猪群引进新个体时，为了控制疫病，往往采取胚胎移植技术代替剖腹取仔的方法。

■ 胚胎移植的基本原则

（一）胚胎移植前后所处环境的同一性

1. 供体和受体的一致性。即供体和受体在分类学上必须属于同一物种。

2. 动物生理上的一致性。即受体和供体在发情时间上的同期性，一般要求相差 24 小时以内。

3. 动物解剖部位的一致性。即移植后的胚胎与移植前，所处的空间环境相似性。

（二）胚胎发育的期限

胚胎采集和移植的期限（胚胎的日龄）不能超过周期黄体的寿

命，最迟要在周期黄体退化之前数日进行移植。通常在供体发情配种后 3～8 天收集胚胎，受体同时接受移植。

（三）胚胎的质量

胚胎不应受到任何不良因素（物理、化学、微生物等）的影响而危及生命力。必须经过鉴定确认为正常者。

（四）供体、受体的状况

供体的生产性能、经济价值均需大于受体；两者均需健康无病。此外，还需强调的是胚胎移植只是空间位置的更换，而不是生理环境的改变，远比器官移植简单。但准确熟练的操作是必需的。

■ 胚胎移植的技术程序

胎胎移植技术主要包括供体和受体的同期发情处理、供体的发情鉴定与配种、供体的超数排卵、胚胎的收集、胚胎的检查与鉴定、胚胎的培养与保存、胚胎移植。

（一）同期发情和超数排卵的实施

1. 供体和受体的选择。供体应具有高的育种价值，旺盛的生殖机能，对超排反应良好；受体的头数应多于供体，具有良好的繁殖性能和健康状态，体形中上等。两者发情时间相同或相近，前后不超过 1 天。

2. 供体和受体的同期发情。当前较理想的同期发情药物是前列腺素及其类似物，其剂量根据药物的种类和方法而不同。采用子宫灌注的剂量要低于肌内注射的剂量。在注射 $PGF_{2\alpha}$ 后 2 小时，配合注射 PMSG 或 FSH，可以明显提高同期发情效果。

（二）供体母畜的超数排卵

1. 母牛。①用 FSH 超排。在发情的第九至十三天中的任何一天开始肌内注射 FSH。以递减剂量连续注射 4 天，每天注射 2 次（间隔 12 小时），总剂量按牛体重、胎次做适当调整，总剂量为 300～

400 大鼠单位。在第一次注射 FSH 后 48 小时及 60 小时，各肌内注射一次 $PGF_{2\alpha}$，每次 2～4mg，若采用子宫灌注剂量可减半。进口 $PGF_{2\alpha}$ 及其类似物，由于产地、厂家不同所用剂量不一，IC180996 一次剂量约 0.5 毫克。②用 PMSG 超排。在发情周期的第十一至十三天中的任意一天肌内注射一次即可，按每千克体重 5 单位确定 PMSG 总剂量，在注射 PMSG 后 48 小时及 60 小时分别肌内注射 $PGF_{2\alpha}$。一次剂量同 FSH 超排。母牛出现发情后 12 小时再肌内注射抗 PMSG，剂量以能中和 PMSG 的活性为准。

2. 母羊。①用 FSH 超排，在发情周期第十二天或十三天，开始肌内注射或皮下注射，以递减剂量连续注射 3～6 次，每次间隔 12 小时，总剂量为 200～350 大鼠单位。在第五天同时注射 $PGF_{2\alpha}$。FSH 注射后随即每天上、下午进行试情，发情后立即静脉注射 LH 100～150 大鼠单位或肌内注射 200 大鼠单位并配种。有的用 60 大鼠单位的 GnRH 代替 LH，也获得同样效果。②用 PMSG 超排，在发情周期的第十二天或十三天，进行肌内注射或皮下注射 PMSG 700～1 500单位，出现发情或当天再肌内注射 HCG 500～750 单位。在 PMSG 注射之后，隔日注射 $PGF_{2\alpha}$ 或其类似物。

（三）供体的发情鉴定和配种

超排处理结束后，要密切观察供体的发情症状。正常情况下，供体大多数在超排处理结束后 12～48 小时发情。以牛为例，发情鉴定主要以接受其他牛爬跨且站立不动为主要判定标准。每天早、中、晚至少观察 3 次。第一次观察到接受爬跨且站立不动的时间，视为零时，由于超排处理后排卵数较正常发情牛多且排卵时间不一致，加上精子和卵子的运行受排卵处理的影响，为了确保卵子受精，采取增加输精次数和加大输精量的方法；新鲜精液优于冷冻精液。一般在发情后 8～12 小时输第一次精，以后间隔 8～12 小时再输精 1 次。

（四）胚胎采集

利用冲洗液将胚胎由生殖道中冲出，并收集在器皿中。分手术法和非手术法（牛、马）两种。

1. 胚胎采集前的准备。①冲胚液、培养液的配制。冲胚液和培养液在使用前都要加入血清白蛋白，含量一般为 0.1％～3.2％，也可用犊牛血清代替，需加热（56℃水浴 30 分钟）灭活其中的补体，以利胚胎存活。冲胚液血清含量一般为 3％（1％～5％），培养液血清含量为 20％（10％～50％）。②采集时间。不应早于排卵后的第一天，即最早要在发生第一次卵裂后（发育至 4～8 个细胞为宜），否则不宜辨别卵子是否受精。一般是在配种后 3～8 天（牛：非手术法取胚在发情配种后 7 天；绵羊：从输卵管取胚，适宜时间为发情后 2.5 天，即 56～76 小时），从子宫采胚大多在发情后 6 天。

2. 胚胎采集方法。

（1）牛手术法收集胚胎。在腹部适当部位（腹中线或肷窝）做一 10 厘米左右切口。

输卵管冲胚法：第一种方式用注射器的磨钝针头刺入子宫角尖端，注入冲卵液，然后从输卵管的伞部接取（上行法），这种方式适合于牛、羊、兔等。第二种方式与此相反（下行法），伞部注入，子宫角上端接取，猪、马采用。上述两种方法适合于胚胎还处于输卵管或刚进入子宫角时（排卵后 4 天以内）。冲卵液用量为 10 毫升。

子宫角冲胚法：一旦确认胚胎已进入子宫角内，可采用此法。一种是从子宫角上端注入冲卵液，由基部接取；另一种是由子宫角基部注入，从上端接取。这两种方式适合于各种家畜。冲卵液用量一般为 30～50 毫升（以子宫角容积而定）。

输卵管—子宫角冲胚法：结合以上两种方法，可以把输卵管和子宫角的胚胎全部冲洗出来，采胚率高。

（2）羊的手术采胚法。基本方法与牛相同。不同点是：采胚的手术部位比牛多，可选择左右腹股沟部、肷窝及耻骨部；切口一般长 4～6 厘米；冲胚液量比牛少，输卵管冲胚 2～4 毫升、子宫角冲胚 10～20 毫升。手术法要求：操作迅速准确，防止对伤口及生殖道和冲洗液的污染；避免对动物有过多刺激和对生殖道造成损伤。此法最大的缺点易造成粘连和不孕。

（3）非手术法。目前牛、马大家畜都采用此法。一般在配种后7天进行。采用二路式导管冲卵器：将冲卵液通过内管注入子宫角内，然后导出冲卵液，外管前端连接一气囊，当将冲卵器插入子宫内时，充气使气囊胀大，堵住子宫颈内口，以免冲卵液经子宫颈流出。每侧子宫角需用冲卵液100～500毫升。结束后，为使供体正常发情，可向子宫内注入或肌内注射$PPG_{2\alpha}$，为预防感染也可向子宫内注入抗生素。此法不能收集输卵管内的胚胎。牛、马一般在配种后6～8天进行。

（五）胚胎的检查与鉴定

胚胎检查指在立体显微镜下，从冲胚液中寻找胚胎。胚胎鉴定则是将检查到的胚胎应用各种方法对其质量和活力进行评定。

1. 胚胎检查。应在20～25℃的无菌操作室内进行，常采用以下几种方法。一是静置法：静置20～30分钟，弃去上液，将下面几十毫升冲胚液倒入平皿或表面皿，在立体显微镜下检查。二是用带有网格（直径小于胚胎直径）的过滤器放入冲胚液中，由上往下吸出冲胚液，最后只检查剩下几十毫升的冲胚液。应反复冲洗过滤器。检出的胚胎用吸胚器移入含有20％犊牛血清PBS培养液中进行鉴定。

2. 胚胎鉴定。目前鉴定胚胎质量和活力的方法有形态学、体外培养、荧光和代谢活力测定等。

（六）胚胎保存

1. 常温保存。在15～25℃下，只存活10～20小时。通常采用含20％犊牛血清的PBS保存液，可保存胚胎48小时。

2. 低温保存。在0～10℃下，胚胎细胞分裂暂停，代谢减慢，能保存数天。目前低温保存广泛采用改良的杜氏磷酸缓冲液（PBS），其优点是pH稳定。保存适宜温度为：山羊、小鼠5～10℃，兔10℃，牛0～6℃。

3. 冷冻保存。在干冰（-79℃）和液氮（-196℃）中保存。

（1）逐步降温法。该法存活率高，但操作复杂。①胚胎采集及鉴定。选择合格的桑葚胚或囊胚在含有 20% 犊牛血清的 PBS 中冲洗两次。②加入冷冻液。在室温（20～25℃）分 3 或 6 步，加入不同浓度的甘油，分步平衡 5～10 分钟。③装管和标记。装入塑料细管、封口、标记（供体号、编号、数量、等级、冷冻日期）。④冷冻和诱发结晶及贮存。在冷冻仪中，先以 1～3℃/分钟的速率从室温降至 −6～−12℃，在此温度下诱发结晶，平衡 10 分钟，然后以 0.3℃/分钟的速率降至 −35～−38℃，之后投入液氮中长期保存。⑤解冻。在 25～37℃ 水浴中进行。⑥脱除抗冻剂。解冻后胚胎按进入冷冻液时的相反甘油浓度，从高向低分 3 次或 6 次进行，每步 5～10 分钟，最后将胚胎用不含抗冻剂的 20% 血清 PBS 冲洗 3～4 次，彻底脱除抗冻剂；或将解冻后的胚胎放入蔗糖溶液中平衡约 10 分钟，再将胚胎在不含抗冻剂 20% 血清 PBS 中清洗 3～4 次。

（2）一步细管法。即在细管内用非渗透性蔗糖溶液一步脱去抗冻剂的方法，简单易行。

（七）胚胎移植

胚胎移植和胚胎采集一样，也分为手术法和非手术法。

1. 手术法。一般在排卵侧的肷部做切口，若做两侧移植，则在腹部中线。牛、羊 3 日龄以前的胚胎（8 细胞以前），应将吸有胚胎的细管由输卵管伞插入，直接注入壶腹部；5 日龄后的胚胎，应移植在距宫管结合部 5 厘米处的子宫角顶端。

2. 非手术法。只适合大家畜。先直肠检查确定黄体位于哪一侧和发育情况，然后握住子宫颈，将移植管（注射器连接导管或特制金属移植器）插入与黄体同侧的子宫角内，注入胚胎。

移植时动作要迅速准确，避免对组织造成损害。黄体发育不良的母畜最好不做受体用。受体移植胚胎后密切注意健康状况，留心观察它们在预定时间内的发情动态，60 天后通过直肠检查进行妊娠诊断。

2 胚胎性别控制及性别鉴定技术

胚胎性别控制技术

胚胎性别控制是指结合胚胎移植技术，选择所需性别的胚胎，或将所需性别的胚胎作为核移植的供体细胞，反复克隆，以无性繁殖的方式生产相应性别的胚胎，进而使母畜按人们的愿望繁殖所需性别的后代。主要方法如下。

（一）X、Y 精子的分离

精子分离主要依据是 X、Y 精子在 DNA 含量、大小、比重、活力、膜电荷、酶类、细胞表面、移动速度、抵抗力上等均有差异，但差异甚小。

其主要分离方法有沉降法、离心沉降法、密度梯度离心法、过滤法、层析法、电泳法及免疫学方法等。但目前均没有取得稳定可靠的结果。从研究现状看，分离 X、Y 精子还存在相当大的困难，与生产应用尚有一定距离。

（二）改变受精环境

公畜产生 X 或 Y 精子，有支配性别的决定权。而母畜有支配性别的选择权，改变母畜受精的环境，有可能改变性比例。

1. 酸性与碱性环境。酸性环境有利于雄性发育，而碱性有利于雌性发育。多喂谷物（酸性）雌雄比例为 1∶1.7，多喂青贮饲料（碱性）则相反。日本的学者利用 5% 精氨酸（碱性）预先处理子宫颈后输精，使牛的母犊控制率达 80%。

2. 营养环境。伯罗斯和柯瓦列夫斯基发现战争、饥荒年代和营养不良的母亲生男孩儿多。

3. 气候环境。娄根娜等人试验观察奶牛在较温暖的春、夏季节交配，比在秋、冬季节时交配有较多的母犊。

4. 双亲年龄。娄根娜等人发现中年双亲多生雌性，父比母大多生雄性。

5. 交配次数。实验表明，一天内多次交配雄性较多。

6. 受精时间。卵子刚排出时受精雌性多，相反雄性多。

■ 胚胎性别鉴定技术

对胚胎的性别进行鉴定，选择（淘汰）某一性别的胚胎，仍不失为一种控制后代性别较为理想的方法。

（一）细胞遗传学方法

1. 性染色质染色法。雌性胚胎的两个 X 染色体中，有一条处于暂时失活状态并固缩，有特殊的染色反应，这种性染色质小体称为巴氏小体。Gar&ar 根据性染色质鉴定家兔囊胚（6 月龄）的性别，准确率为 100%。但对其他大家畜来说，胚胎细胞的巴氏小体不易观察，所以未能普遍应用。

2. 染色体组型分析法。从胚胎取出部分细胞直接进行染色体分析或阻断培养至细胞分裂中期再进行染色体分析，对胚胎进行性别鉴定。据报道用此法鉴别牛胚胎性别准确率达 70%~80%。

（二）X 染色体连锁酶活性测定法

在小鼠，葡萄糖-6-磷酸脱氢酶、次黄嘌呤磷酸核糖转移酶、磷酸葡萄糖激酶及 a-乳糖酶等与 X 染色体的数量有关。Rieger 和 Williams（1986）通过检测 X 染色体连锁酶来判别小鼠胚胎的性别，雌性胚胎鉴别准确率达 72%。

（三）Y 染色体特异性基因探针法

Leonard（1987）首次报道用牛 Y 染色体特异性探针鉴定牛囊胚性别获得成功，准确率为 95%；Herr（1990）首先采用聚合酶链反应（PCR）技术扩增 Y 染色体特异性，重复序列鉴定了牛、羊胚胎性别；Peura（1991）用 PCR 技术对牛的部分胚胎进行了鉴定，准确率达 90%～95%。

Sinclair 等（1990）找到了位于哺乳动物 Y 染色体短臂上决定雌性的 DNA 片断，这一特定的 DNA 片断，定名为 SRY（性别决定区或称性别决定因子）。SRY 的发现和测定技术的成功，为胚胎性别鉴定提供了技术途径，与 PCR 扩增技术相结合，用于胚胎的性别鉴定准确率可达 100%，此法具有省时、灵敏度高、特异性专一等优点。因此，是很有前途的方法之一。

（四）免疫法

1. 细胞毒性法。将胚胎与 H－Y 抗血清及补体混合培养，表达 H－Y 抗原的胚胎其细胞有一定程序的裂解，则判定为雄性。据 Epstein（1990）报道，小鼠的 8 细胞胚胎放入补体和抗血清之后，半数致死、退化或出现死细胞，分析未受影响胚胎的染色体组型，92% 为雌性。

2. 间接免疫荧光法。将胚胎在 H－Y 抗血清或单克隆抗体中培养，然后再加入带荧光素标记的第二抗体，在荧光显微镜下观察胚胎是否呈现特异性荧光。判定标准是：H－Y 阳性（即胚胎整个内细胞上有光斑，均匀荧光为背景）判为雄性。H－Y 阴性（即胚胎背景黑暗，无荧光斑，偶尔有少许亮点，无光斑）判为雌性。Wachtel（1984）用间接免疫荧光鉴别 8 枚牛胚胎，移植后产犊 7 头与性别判定相符。White（1984、1987）成功用此法鉴定了羊、猪胚胎性别，在绵羊中产羔后验证准确率为 100%，在猪中雌性胚胎准确率为 86%，雄性为 77%。

3 核移植与动物克隆技术

核移植也称克隆或无性繁殖，是将分离的胚胎卵裂球（核供体）或体细胞核，与成熟并去核的卵母细胞、去核的原核期受精卵或 2 细胞期的去核胚胎（核受体）融合，不经过有性繁殖过程，连续不断地复制遗传上相同的胚胎，并通过克隆胚胎的移植生产大量同基因型的克隆动物系或动物群。应用核移植技术可以控制家畜的性别，可以复制大量基因型相同的高产家畜，可以为家畜育种提供珍贵的遗传材料，可以加速家畜遗传改良的进程。

细胞核供体一般采用早期胚胎或体细胞核，再用显微操作仪将其注入去核的卵母细胞的卵周隙内，借助电刺激，使核供体的细胞核与核受体细胞质融合，融合后的胚胎经培养发育，移植到受体内妊娠产仔。核受体除用成熟并去核的卵母细胞外，也可用去核的原核期的受精卵或2细胞期去核的早期胚胎。

哺乳动物核移植首先1983年在小鼠获得成功，随后绵羊在1987年、牛1987年、兔1988年、猪1989年、羊1991年获得成功。Stice等（1992）研究了牛细胞核连续移植技术，并获得了第三世代的核移植后代。在理论上，核移植可获得无限的克隆动物。种间核质杂交是通过核移植将来源于不同种的供体细胞核与受体细胞质重组在一起的方法。Nolfel（1992）获得了不同属间（多个牛×牛、羊×羊）的核杂交囊胚，但囊胚率都很低（1.7%～2.3%）。

参考文献

耿明杰 . 2006. 繁殖与改良 . 北京：中国农业出版社 .

张周 . 2001. 家畜繁殖 . 北京：中国农业出版社 .

张忠诚 . 2009. 家畜繁殖学 . 第四版 . 北京：中国农业出版社 .

单元自测

（一）名词解释题

1. 胚胎移植。

2. 胚胎性别控制。

3. 核移植。

（二）填空题

1. 胚胎移植的技术程序主要包括 ＿＿＿＿＿、＿＿＿＿＿、＿＿＿＿＿、＿＿＿＿＿、＿＿＿＿＿、＿＿＿＿＿ 6个环节。

2. 胚胎性别控制技术主要方法有＿＿＿＿＿、＿＿＿＿＿。

学习
笔记

图书在版编目（CIP）数据

畜禽繁殖员/钟孟淮主编．—北京：中国农业出版社，2015.9
农业部新型职业农民培育规划教材
ISBN 978-7-109-20878-0

Ⅰ．①畜… Ⅱ．①钟… Ⅲ．①畜禽－饲养管理－技术培训－教材 Ⅳ．①S815

中国版本图书馆 CIP 数据核字（2015）第 207839 号

中国农业出版社出版
（北京市朝阳区麦子店街 18 号楼）
（邮政编码 100125）
策划编辑　张德君
文字编辑　张彦光

北京中兴印刷有限公司印刷　新华书店北京发行所发行
2015 年 10 月第 1 版　2015 年 10 月北京第 1 次印刷

开本：700mm×1000mm 1/16　印张：11.25
字数：120 千字
定价：25.00 元
（凡本版图书出现印刷、装订错误，请向出版社发行部调换）